JN130496

Reviewing Postwar Physics
From the Semiconductor Golden Age
to Light Science and Quantum Information

KAMIMURA Hiroshi
上村洸［著］

戦後物理をたどる

半導体黄金時代から
光科学・量子情報社会へ

東京大学出版会

Reviewing Postwar Physics:

From the Semiconductor Golden Age to Light Science and Quantum Information

Hiroshi KAMIMURA

University of Tokyo Press, 2019
ISBN978-4-13-063608-7

はじめに

終戦を迎えたのは、私が旧制都立第四中学校（現東京都立戸山高校）三年生、一五歳のときでした（昭和二〇（一九四五）年八月一五日）。昭和二四年三月、旧制武蔵高等学校理科一年を終了したとき、占領軍の指示による学制改革によって、戦前の旧制大学・旧制高等学校・師範学校・高等師範学校・大学予科および旧制専門学校が消滅し、四年制の新制大学に再編成されたのに伴い、昭和二五年四月、新制東京大学教養学部理科一類に入学しました。

東大に入学する直前の一九四八年六月三〇日、戦後の科学技術の発展に最も貢献したトランジスタの発明が、米国ベル研究所によって公式に発表されました。トランジスタの発明は、量子力学による半導体物理学の先駆的研究に、物質科学の発展が結びついた成果でしたが、当時、日本は占領下にあり、半導体の研究者たちはトランジスタに関する正確な情報を知るのに大変な苦労をされました。

東京大学の新制大学院修士課程を修了する頃（一九五五年八月）、東京通信工業（現在のソニー）から、日本初のトランジスタラジオが発売されました（当時、専門家の間では、真空管（内部を高真空にしたガラス管）の「球」に対して、トランジスタを「石」（シリコン（珪石）に由来）と呼ぶことが決められていたそうです）。博士課程に進学したときに特別奨学金（月一万円、助手の給料と同額）を頂きましたが、その奨学金二か月分に相当するほど高価なものでした。そのうちに生産数も増えて値段も安くなり、トランジスタラジオの全盛期を迎え、真空管ラジオは消えてしまいました。こうして二〇世紀後半は、「トランジスタ世紀」といわれるほどに、半導体を用いた電子素子全盛の時代となったのです。

最近では、家庭の照明もエディソンによって発明された白熱電球からLED電球に変わりつつありますが、LEDも、電流を流すと発光する半導体素子の一種で、その原理は量子力学によって説明されます。今日、私たちの身の回りには、テレビ、エアコン、コンピュータ、携帯電話、スマートフォン、電子レンジ、レーザー、発光ダイオード、カーナビゲーション，太陽電池、MRI（磁気共鳴画像）、PET（陽電子放出断層撮影）機器など、さまざまなハイテク機器が溢れていますが、これらはいずれも量子力学を応用したデバイス（量子デバイス）です。

平成二八（二〇一六）年度から始まった政府の第五期科学技術基本計画では、世界に先駆けて「超スマート社会」を実現するとして、量子科学技術（光、量子技術）を新しい基盤技術の一つと位置付けています。このように、量子の言葉が日常用語になりつつあるため、私は二一世紀を「量子力学リテラシーの世紀」と呼んでいます。

一九五〇年に東京大学に入学して以降今日までの六八年間、量子力学に魅せられて、好奇心の赴くままに物理学を楽しんできました。その間、物理学の生涯教育者・研究者として、さまざまな体験・見聞をしてきましたなかには、今から考えると、なかなか出会うことのない、得難い経験も数多くあったように思います。これらのことを一冊に纏めたものが本書です。これから物理を学ぶ方や科学一般に興味のある方々の一助になれば、望外の幸せです。

本書執筆の動機は、二〇〇九―一〇年に行われた、東大上村研ОBの山口栄一さんを長とするグループ（押山淳、黒部篤、清水明、白石賢二、中山隆史、渡邊聡（敬称略））による、私の生涯についての聞き語りインタビュー（Aural history）が発端です。この資料が大変役に立ちました。

本書の執筆では、東京大学出版会編集部の岸純青氏に、多くの有益な助言と激励を頂きました。ここに心から謝意を表する次第です。東京大学の古い時代の写真については、東京大学史史料室に所蔵されているものから、東京理科大学の建物の写真については、東京理科大学広報課から提供して頂きました。最後に、一読者の立場から原稿を読み、筆者を支えてくれた家内にも、この場を借りて謝意を表します。

二〇一九年二月

上村　洸

目次

序章　終戦と新制東京大学

旧制高校から新制大学へ

第二次世界大戦が終わると、その日から占領軍司令部の指導により、日本のあらゆる制度の変革が始まりました。特に教育制度の改革については、厳しいものがありました。日本の戦前の教育制度は、小学校六年、中学校五年、高等学校三年、大学四年（「六・五・三・三制」と呼ぶ）でしたが、占領軍司令部が注目したのが、第一高等学校から東京帝国大学へ、そして官僚になる、いわゆるエリートコースでした。この教育制度が、日本を軍国主義、国家主義に走らせたと考えたのです。そこで、このエリートコースを廃止して、民主主義、すなわち、教育の機会均等を志向する教育制度に変えるべきである、すなわち、アメリカの教育制度、現在の「六・三・三・四制」に変えるように、我が国の政府に勧告しました。

戦前の教育制度では、高等学校に進学せずに、たとえば物理学校のような専門学校に入学して高等教育を学ぶことも可能な、複線型教育制度でしたが、教育の機会均等の観点から、新教育制度では、複線型教育を廃止して、高等学校と専門学校が大学になる単線型教育制度、現在の小学校、中学校、高等学校、大学の「六・三・三・四制」になりました。私が二〇一五年度まで在職した東京理科大学も、この新制度により、物理学校から東京理科大学になったのです。

このような議論を経て、一九四七年三月、新しい学校教育法が制定され、新しい学校制度の改革が実行されました。私が旧制東京都立第四中学校四年生が終わるときのことです。そして、中学五年生のときに、これまでの教育制度は、新しい教育制度に変わりました。ただし移行措置として、五年生は、新制度の都立第四高校の三年生に進学するか、あるいは旧制高等学校に入学試験を受けて合格すれば、一年間だけ過ごすかのいずれかを選択することになりました。私は、私立の旧制武蔵高校理科に合格したので、一九四八年四月、武蔵高校理科一年に入学しました。一年でも旧制高等学校のリベラルアーツの教育を受けたいと思ったからです。当時は、このような教育制度変革の過渡期だったため、都立四中の卒業式も卒業証書もありません。しかし、一九四三年四月一日宮城前広場（現在の皇居前広場）で入学式を行った府立四中（当時は東京府、翌年から東京都になる）入学者二五〇名（五クラス）ならびに編入生（私は二年からの編入生）は、現在も毎年一一月に同期会を行っています。二〇一八年の米寿記念同期会にも一五名が集まって昼食を共にし、旧交を温めました。

私が武蔵高校で受けたリベラルアーツの教育は、知識の習得に重点をおいた旧制中学校の教育とは異なり、自己啓発力や好奇心、独創的な発想を重視する人格形成に重点がおかれ、私のそれからの人生に非常に大きな影響を与えました。しかし、理科一年が修了した時点（一九四九年三月）で学びの場が消滅し、せっかく親しくなった先生方や友人たちと会えなくなってしまいました。

新教育制度により、旧制東京大学、東京地区の官立旧制高等学校である第一高等学校（以下一高と略す）と東京高校高等科の三者が合併して新制度の東京大学ができることになりましたが、その組織替えに時間が掛かり、新制東京大学への最初の入試が行われたのは、その年の六月になってからのことです。

これは、日本人が体験したことのないまったく新しい大学制度の誕生でした。私も自分の気持ちを新制度に切り替えるのに時間が掛かり、新制度になって二年目の一九五〇年四月に、東京大学教養学部理科一類に入学したのです（図1）。

東大教養学部とリベラルアーツ教育

図1　青空に聳える東大駒場キャンパスの時計台と本館（旧制第一高等学校本館（時計台），現在，国の登録有形文化財）を背景に学友たちとの写真（1952年3月）

右端：小倉磐夫君（物理学科友人，東京大学名誉教授），中央：石井淳美君（東大工学部応用化学卒，旭硝子），左端：筆者．時計台（旧制第一高等学校の時計台）は現在もあるが，駒場地区はリニューアルされて，この丘はない．当時多くの東大生は，東大の角帽を被っていた．

旧制度の大学では、専門教育が主体でしたが、新制東京大学の目玉は、教養学部一、二年での教養教育でした。授業内容は、リベラルアーツが中心で、武蔵高校のリベラルアーツで習った内容に類似のものもかなりありました。このことから、旧制高校の理念が教養学部設立の動機になっているように思います。

図2　教養学部混声合唱団を編成し，安田講堂で公演（1951年の五月祭）．

理科一類の一〇クラスのうちで、我々のクラスを含めてドイツ語既習のクラスAが三組あり、これら三組の学生は、ほとんどが旧制高校の卒業生か理科一年修了生でした。旧制高校で受けたリベラルアーツ教育の素晴らしさへの思い入れも強く、また発足したばかりの教養学部の先生方の多くは、一高、あるいは東京高校高等科の教員でしたので、リベラルアーツの学風を教養教育に採り入れようと尽力され、我々のクラスは、駒場時代を心ゆくまで楽しむことができました。

特に課外活動は、戦争中禁じられてできなかったスポーツや、外国映画や音楽の鑑賞など外国文化を吸収することに夢中になりました。女子大生の応援を得て、教養学部混声合唱団を編成し、一九五一年の五月祭に本郷キャンパスの安田講堂で公演することができました（図2）。また教養学部では、大学にもかかわらず、体育が必修科目でした。戦争中敵国のスポーツということで禁じられていた野球は、大変人気があったので、体育のシラバスに採り入れてほしいと体育の教官にお願いし、実現しました。体育実技は午後後半だったので、一組と二組で野球好きの学生たちが集まって、ときどき授業時間を延長して野球の試合をしました。こうしているうちに、野球を熱狂的に好きな仲間が集まって野球チームができ、東大山中湖の寮まで合宿に出かけ、東大の野球場

（現在の東大グラウンド）で練習をしました。まだ、貧乏の時代でしたから、ユニフォームはありませんでした。村の消防団の野球チームが、東大駒場の軟式野球部のチームと間違えて、消防車に乗ってやってきて練習試合をしました。私がピッチャーのとき打たれた球が山中湖まで飛んでいったのには驚きました。読者の皆さんも、勝負の結果はおわかりでしょう（図3）。しかし、我々のチームは、駒場祭の野球トーナメントに参加し、東大硬式野球部の投手のいる成蹊オービーチームに負けましたが、三位に入るなどの活躍をしたのは、生涯の思い出です。

図 3　東大山中湖の野球場での我々のチーム.

　このように、駒場は自由闊達な雰囲気に満ち、理科一類一組の学生は、学生生活を大いに楽しむことができました。自由と言えば、イデオロギー論争も盛んでした。駒場の自治会活動では、マルクス・レーニン主義、社会主義、共産主義など戦時中に活動を禁じられたイデオロギーも活発に議論され、これらの活動家との論争も盛んで、自治委員に選ばれた私としては、そのための理論武装の勉強にも随分時間を割きました。

　こうして、本郷の専門学部に進学する一九五二年三月には、本郷で異なる学部や学科に進学するクラスメートたちが別れを惜しみ、盛大な送別の宴を駒場同窓会館で催しました。その思い出を語りあうために、理科一類一組A、五〇名のクラス会は、現在も毎年四月に開催されています。

量子力学への傾倒

東大に入学する直前の一九四九年一二月、湯川秀樹先生がノーベル物理学賞を受賞されました。これに感激し、入学するやいなや、「物理学研究会」に入会しました。この研究会は、発足したばかりでしたが、好奇心の旺盛な仲間ばかりで、「光は波か粒子か」、「電子はどうして粒子と波の二つの性格をもつのか」など、毎日のように量子力学の基本について議論をしました。

そんなある日、仲間の一人が、朝永振一郎先生の著書『量子力学1』を皆に見せました。「神田神保町にある東西出版社が倒産し、本屋の跡地にこの本が山積みされていたので、一冊拾ってきた。今なら、まだ沢山あるよ」といいました。議論を終わりにして、ただちに現場に出掛けてみると、確かに本が山積みにされていたので、一冊頂いて自宅に帰り、早速読み始めました。読者の皆さんには想像できないでしょうが、当時、専門書はほとんど出版されておらず、大学生は、専門書に飢えていました。

読み始めてみると、そこに書かれていた内容は、これまで学んできた古典物理学とまったく異なる新しい物理学の概念でした。それは非常に刺激的で、好奇心が刺激され、放課後、物理学研究会の部屋で、仲間と量子力学の議論で夢中になりました。

こうして、私は、量子力学をさらに勉強するために、本郷では理学部物理学科に進学したいと思うようになったのです。東京大学では、駒場の教養学部から本郷の専門学部に進学するのに、「進学振り分け」という制度ができていました。この制度では、進学したい専門学科を第一志望から第三志望まで書いて提出します。物理学科は人気があり、難関でしたが、一九五二年四月、進学することができ、物理学への道を一歩踏み出すこととなったのです。

モット先生とアンダーソン先生

物理学科四年の一九五三年九月には、京都で戦後我が国で初めての国際会議「国際理論物理学会議」が開催されました。この会議には世界的に著名な物理学者が大勢来日されました。国際会議終了後には、幾人かの著名な外国人物理学者が東大物理学教室に講演に来られたのですが、その中の一人が、後年ケンブリッジ大学キャベンディッシュ研究所で教えを受け、後の私の人生に大きな影響を与えることになるネーヴィル・モット先生だったのです。

四年生の固体物理の講義で、参考書としてモットとジョーンズの『金属と合金の理論』が紹介され、物理学科の図書室には一冊原書があり毎日夢中で読んでいました。その著者の一人が、目の前に立っておられて講演をしているのです。このときは、大変に興奮しました。そのモット先生とは、後に先生が亡くなるまでの二〇年余の長きにわたって親しくお付き合いをさせて頂くことになります。

一方、この国際会議に最年少の研究者として参加されたのが、米国ベル電話研究所のフィリップ・アンダーソン博士でした。アンダーソン先生は、二九歳と大変若く、フルブライトの交換教授として、このあと物理学教室に半年間滞在されて、大学院生と学部四年生に「Theory of Magnetism」と題する磁性の講義をされました。英語での講義は生まれて初めてでしたが、式と図も用いて大変丁寧に講義をしてくださったので、黒板に書かれた英語と図を夢中でノートに書きとめ、自宅に帰って必死に

図4　昭和29年東大物理学科卒業記念写真
物理学科3年のときの講義棟（理学部1号館の外にあったため，別館という．現在はない）の前で．最前列は，当時の物理学科の先生方（敬称略，左より，木原太郎，霜田光一，高橋秀俊，山内恭彦，小穴純，今井功，久保亮五，加藤敏夫，百田光雄，その後ろ，桑原五郎）．

なって復習をしました。
初めて聞くトピックスばかりで、同じ磁性でも、どうして日本人の先生と内容が違うのかなと思いましたが、物理学科の先輩から「アンダーソン先生の講義は、スピンというミクロな磁石で強磁性や反強磁性の現象を量子力学で説明しているのだ」と聞いて、強磁性、反強磁性のメカニズムに興味をもちました。こうして、本郷キャンパス物理学科での二年間は瞬く間に過ぎ、一九五四年三月二七日、安田講堂で、新制東京大学第二回の卒業式に出席し、理学士の称号を授与されました。図4は、その時の物理学科二六名の卒業記念写真です（卒業生二六名）。

アンダーソン先生の講義を聴いた助手や旧制の大学院生たちのノートを集めた講義録がその年度の終わりに出来上がり、これは翌年入学した大学院、修士一年理論必修ゼミの教科書になりました。お蔭で一年かけて磁性理論の復習をすることができ、アンダーソン先生のハーバード大学における博士論文のテーマ、「磁性化合物における超交換相互作用」など、講義の理解を深めることができました。また、一九五九年に大学院を修了した後、一九六一年から六四年まで研究所員としてベル電話研究所で研究をすることになったときには、モット先生と同様、ベル研の理論グループでアンダーソン先生に再びお会いしていろいろ教えて頂くことになります。

アンダーソン先生の磁性の講義を聴いて、私は物性物理の面白さを知り、大学院では、物性物理を研究したいと思うようになりました。東大物理学科には、当時、固体物理学理論の先生として、小谷正雄先生と久保亮五先生がおられました。そして大学院のガイダンスで、小谷先生が「遷移金属イオンのクロームを含むルビーなどの宝石の美しい色や、ヘモグロビンの赤色は、配位子場理論という量子論でしか説明できない」と話されたので、調べてみました。人間の血液が赤いのは、血液中の赤血球に含まれるヘムタンパクに起因し、ヘムタンパクの中央にある2価の鉄イオンが肺で酸素と結合すると赤色を示すらしいということがわかってきました。砂鉄とか、空気中の鉄イオンは黒色なのに、「体内の鉄イオンが赤色を示す原因は、量子力学でしか説明できない」と小谷先生が言われたことに大変好奇心を刺激され、大学院では先生の研究室を志望したのです。

ニュートン祭

東大物理学科には、平成三〇（二〇一八）年で、一二八回目を迎えたニュートン祭と呼ばれる学部学生主催の伝統的なお祭りがあります。その始まりは、明治一二（一八七九）年一二月二五日に、当時物理学科第一期生であった田中舘愛橘先生の発案で始まったと言われています。実験に使う寒暖計は当時温度を測定する貴重な実験器具でしたが、学生が実験中に落として破損することがしばしばでした。そこで、田中舘一期生の発案で、壊した学生が罰金を払うことになったのです。その罰金が貯

図5　山上会議所（通称御殿）と呼ばれた木造の古い建物.

まったので、やはり田中舘さんが一二月二五日にクリスマスをやろうと提案して始まったそうです（明治一二年）。当日は、ニュートンの誕生日だったので、「ニュートン祭」と名付けられ、当時、寄宿舎の数星物（数学、天文、物理のこと）の部屋にニュートンの祭壇を設け、リンゴで振り子を作って飾り付け、また破損した寒暖計も飾ったそうです。二年生が主人役で、教授、助教授、学生を問わずその年の失策を似顔絵を使った幻灯にして映し出して一年の失敗を清算し、全員で祭りを楽しむのです。なお、明治一二年は、会津出身の山川健次郎さん（後の東京帝國大学総長）が、日本人として初めて物理学科の教授になった年でもあります。

当時、ニュートン祭を行った場所は、現在の山上会館の場所ですが、山上会議所（通称御殿）と呼ばれた木造の古い建物があり（図5）、昼は本郷キャンパスの教官のための食堂でした。ニュートン祭の日には、旧理学部一号館の教室から机を運んで舞台を作りましたが、これは大変な労働でした。

四年生のときには、私が第七四回ニュートン祭の幹事を務めました。このときちょうど、アンダーソン先生が物理学科の客員教授でしたので、ニュートン祭にご招待したところ、喜んで出席されて、スピーチをしてくださいました。

新制大学院制度

一九五四年（昭和二九年）四月、私は発足して二年目の新制東大大学院数物系研究科物理学専攻修士課程に入学し、小谷先生の研究室に所属しました。物理学専攻は、理学部と工学部の数物系の学科を纏めてできた大学院の組織、数物系研究科の一つの学科（これを専攻といいます）となることが決まり、理学系研究科を構成する化学科や生物学科の友人たちとは、別れることになりました。

小谷研では、新制度の大学院生は、修士二年に一人、修士一年は私と伊豆山健夫君の二人だけで、合計三人でした。毎週月曜日の午後に開講される小谷研のゼミには、旧制の東大物理学科を卒業した、他の大学で既に教授や助教授の肩書をもつ小谷研の先輩方が十数人来られ、ゼミはその中の当番の先輩の話を聴くというスタイルでした。旧制から新制への変革の時期でしたが、伝統的な旧制度の物理の研究室でのゼミの雰囲気を体験できたのでした。修士一年のとき、京都大学で日本物理学会があり、小谷研の集まりで撮った写真が図6です。

図6　前列右から２人目が小谷先生，後列左から２人目が助手の大野公男さん（後に北大理学部教授，同名誉教授），３人目が修士論文の指導をしてくださった小出昭一郎さん（当時東大教養学部助教授，後に国立山梨大学学長），４人目が有山正孝さん（旧制最後の大学院生から東大理学部助手，後に国立東京電気通信大学学長），新制の大学院生は，左端の筆者（修士１年）と右端の長島敏雄さん（修士２年）の２人だけ．

さて、発足したばかりの新制度の大学院は、アメリカの制度に倣ったものでしたが、年限が、修士課程（博士前期課程）は二年、博士後期課程は三年と決まっていたため、目標が立てやすく、論文博士の制度しかなかった旧制度に比べて、大変優れた制度と思っています。新制度の大学院のお蔭で、私は旧制度の大学院に在籍中の物理学科先輩より、早くに理学博士号を授与されることになったのです。

第1章　小谷研究室と固体物理の黎明

配位子場理論――理論は実験を予言する

修士一年のときのことです。研究をする課題がほしいと、小谷先生にお願いをしたところ、先生は立方対称の結晶場の中に置かれた鉄族遷移金属イオンの系について、スピンおよび軌道角運動量に起因する常磁性磁化率の温度変化を計算した先生の論文を持ってこられました。そこで、先生が示されたのは、図1・1の系でした。

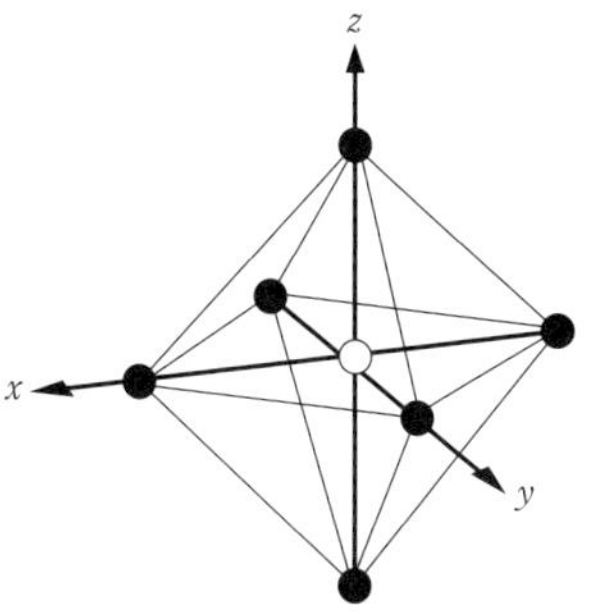

図 1.1　正八面体の中心に遷移金属イオンMがあり，八面体の各頂点に，酸素のマイナス2価のイオンのように，閉殻構造をもつ6個のXイオンが配位した［MX_6］型の系.

この系を化学の研究者は、錯体、Xを配位子と呼んでいます。配位子が遷移金属イオンのd電子に及ぼすポテンシャル場を配位子場と呼びます。配位子場は、配位子の幾何学的配置と同じ対称性をもちます。［MX_6］正八面体の系の対称性は、立方体の対称性と同じですので、この系の配位子場の対称性は、正八面体対称、あるいは立方対称といいます。

まず先生の論文を勉強しました。そして現実の物質は立方対称より歪んで低い対称性をもっているので、先生の理論を低い対称性の物質に適用できるように理論を発展させなさいと小谷先生は言われました。さらに、「理論は実験を予言するものです。実際の実験結果を説明できなければ絵に描いた餅にしかすぎない、だから実際の物質の中で、理論に適用可能な実験結果を探しなさい」と言われたのです。

例として挙げられたのが、化学で試薬として使われている赤血塩と呼ぶ3価の鉄イオンを含むフェリシアン化カリウムや黄血塩と呼ばれる2価の鉄イオンを含むフェロシアン化カリウムです。実際、これらの物質の鉄イオンは常磁性でしたが、常磁性磁化率の温度変化の実験結果は報告されていませんでした。答えを知る前に、計算で予言することは、理論の使命なのです。

純粋な理論物理の先生と思っていた小谷先生は、理論と実験との一致を重視され、対象とする物質の範囲も物理学の分野だけでなく、錯塩のような化学物質やヘモグロビンなどの生体物質にまで広げて考えておられたのです。この経験で、研究ではいつも物事を俯瞰的に考え、学問分野間に壁を作ってはならないということを学びました。

余談ですが、修士二年（M２）のときには、研究室が新しい部屋に移ることになりました。小谷研究室は、関東大震災後に建てられた理学部一号館南棟から、新築された弥生門側の建物の三階の部屋に移りました。それまでは、御殿下グラウンド側に向いていた南棟の部屋で、夜お菓子を食べながらタイガー計算機（戦後の日本で爆発的に普及した手回し式の卓上計算機）を回していると、ネズミが出てきて大騒ぎをしたこともあります。新築の真新しい大きな研究室に引っ越して、研究意欲もリフレッシュされ、ファイトが湧いてきました。

小谷先生の示唆に従って、低い対称性の配位子場中の遷移金属イオンについて、常磁性磁化率の温度変化をタイガー計算機で計算をしたところ、あっという間に結果が出ました。修士二年になったばかりの頃です。小谷先生の指示で、一九五五年一〇月に東京で開催される日本物理学会年会に申し込み、発表することになりました。当時の我が国の学会講演は、ビラにマジックペンで講演題目、講演者名、内容、結果などを描き、教室の黒板に貼り付けて講演をするもので、なかなか芸術的でした。講演では、フェリシアン化カリウム（赤血塩）とフェロシアン化カリウム（黄血塩）の常磁性磁化率の温度変化の計算結果を発表しました。そして、実験と比較をしたいので、ぜひ測定をしてほしいと講演の終わりに述べたところ、当時、東北大学金属材料研究所（金研）におられた大塚泰一郎さん（当時金研助手、東北大学名誉教授）と長谷田泰一郎さん（当時金研助手、大阪大学名誉教授）のお二人から、「貴方の理論計算の結果と比較する実験を今行っているので、来年の夏休みにでも金研に遊びにお出でなさい。一緒に議論をしましょう」とのコメントを頂きました。

こうして、物理学会に発表した内容を修士論文にまとめました。小谷研先輩の小出昭一郎さん（序章図6参照）の指導のもとに英語の論文を作成して投稿し、日本物理学会欧文誌[1]に掲載されました。これが私の人生最初の論文です。

（1）*Journal of Physical Society of Japan*（*JPSJ*）11, 1171–1181（1956）.

東北大金研での思い出（博士課程一年の夏）

翌一九五六年夏に、大塚さんと長谷田さんが、約束通りに仙台の金研に招いてくださり、校務員室の隣の宿直室にほぼ一か月滞在されました。博士課程一年になってのこの滞在では、実験家と一緒に研究をすることの大切さや研究の面白さを教えて頂きました。夕食後、ときどき旧制高校のテニスのインターハイで優勝されたキャリアをお持ちの辻川郁二さん（当時金研助手、京都大学名誉教授）がお見えになって、宿直室の隣にあったピンポン室でピンポンをしましたが、球がラケットに当たらないほど速かったです。一年年上の旧制度の研究者、伊達宗行さん（大阪大学名誉教授、現財団法人新世代理事長）にはときどき居酒屋に連れていって頂き、年齢が近いので、いろいろな話題について語り合い、楽しいときを過ごしました。伊達さんとは、今でも親しくお付き合いを致しております。著名な先輩研究者の方々が一介の大学院生相手に、こんなに心温まる接待をしてくださったことには心から感動をし、物理の研究者を目指して本当に良かったと思いました。

博士課程での研究生活・植村泰忠先生との出会い

さて、私が博士課程に進学した一九五六年四月に、植村泰忠先生が東芝中央研究所から東大理学部の助教授として着任されました。植村先生は早速大学院で「半導体物理学」の講義をされました。半導体中の不純物状態、p型やn型半導体、トランジスタなど、毎週の講義のどのテーマも時代を先取りした新しい内容で、説明も直感的でわかりやすく、「こんなに素晴らしい講義をする先生が物理にもおられるのだ」と感激しました。

理解できない点について、講義終了後に質問に伺うと、懇切丁寧に説明してくださり、新聞紙上で毎日のように話題になり始めたトランジスタの物理が、植村先生の明快な講義で理解することができました。ショックレー、バーディーン、ブラッテンの三博士が半導体におけるトランジスタ効果の発見で、ノーベル物理学賞を受賞されたのもこの年のことです。

翌一九五七年も、固体物理にとって画期的な年でした。一九一一年にカメリング・オネスが水銀で発見した超伝導現象は、それ以来超伝導の起源について、実に多くの人々によって理論が提案されてきました。一九五七年にバーディーン、クーパー、シュリーファー三博士が提案したBCS理論によって、その謎が解明され、長年の論争に終止符がうたれたわけです。BCS理論は、フォノンを媒介とする電子間引力により、クーパー対と呼ばれる電子対が形成され、そのクーパー対の状態が運動量空間でボース凝縮することで超伝導状態が出現するというものでした。バーディーン先生が、半導体におけるトランジスタ現象の発見や、長年謎であった超伝導機構を解明するという、物性物理の二つの歴史的成果に関与された興奮の中で、私も将来は、物性物理の発展に貢献したいという気持ちが高まってきました。

博士課程になってからの研究では、まず、小谷研先輩の田辺行人さん（東大名誉教授）と菅野暁さん（東大名誉教授）が日本物理学会欧文誌（*JPSJ*）に発表された論文を勉強しました。立方対称の配位子場の中の遷移金属イオンの電子状態が、配位子場の強さと電子間相互作用を表すクーロンパラメータの二つのパラメータだけで予言でき、同時に、可視領域でどのような形状のスペクトルが現れるかを予言できる理論でした。

ｄ電子の数が二個から八個までのそれぞれの場合について、エネルギー状態が配位子場の強さの関数として表され、そのグラフを見ることによって、どの遷移金属を結晶中に挿入すれば、どのような可視光の波長でバンドや線状のスペクトルが現れるかのヒントが得られるので、実験家にとっては、大変貴重で魅力的なグラフでした。田辺・菅野の理論は、まさに実験を予言するものでした。後にベル電話研究所で研究を始めたときに、「Tanabe-Sugano diagram（田辺・菅野ダイアグラム）」と呼ばれて、ベル研をはじめ、欧米のこの分野では大変高く評価されていることを知りました。しかし、日本の物理学の世界では、欧米ほどに知られておらず、我が国ではまだ研究分野間の壁が高いこと、そして、この壁を低くしなければ、欧米のレベルに追い付くことが難しいと思いました。

一九五八年になると、博士論文に取り組み始め、配位子場の下での遷移金属イオンのｄ電子のエネルギー固有値と波動関数を数値的に計算する理論を構築しようと思いました。それは、配位子場でのハートリー・フォック理論の構築でした。球対称場における遷移金属イオンに対するハートリー法による計算は既に論文が発表されていましたが、立方対称場の中のｄ電子に対するハートリー法やハートリー・フォック法による理論は誰も考えていないようだったので、定式化を始めたのです。ところが、この場合の大きな問題は、私の理論を計算できる容量をもつコンピュータが国内に存在しないことでした。その頃、同じ物理教室の後藤英一さんがパラメトロン計算機ＰＣ１を制作され、物理教室の中で計算が可能になりました。一年後輩で高橋秀俊先生の研究室の和田英一さんに助言を頂いて、プログラムをテープに打ち込み、初めて計算を実行したところ、残念ながらハートリー・フォックの計算にはメモリーの容量が足りませんでしたが、ハートリー法なら自己無撞着な計算が可能であることがわかりました。我が国でできた自前の計算機による最初のハートリー計算でした。

このように博士論文の研究に没頭していた一九五八年の九月頃に、小谷先生から「植村先生の研究室で助手を採用することが可能になり、植村先生が貴君に助手に来て欲しい旨言っておられるので、お受けしたら如何でしょうか」と言われました。

当時、我が国の大学では、助手のポストは空席がほとんどなく大変厳しい時代でしたので、非常にありがたく思い、早速、先生のオフィスにご挨拶に伺うと、先生から、「一緒に研究室を発展させていきましょう」と言われました。一九五九年三月には博士課程を修了し理学博士の学位を取得して、同年四月から植村研究室の助手として、教育職国家公務員になったのです。

図 1.2　理学部 1 号館南棟.

東大理学助手になって

ちょうどこの頃、理学部一号館の中庭を囲む建物が、戦争があったためでしょうか、四〇年という長い年月をかけて完成することになりました。図1・2に理学部一号館南棟を示します。この建物は、一九二三（大正一二）年九月一日に発生した関東大震災で倒壊した東京帝国大学理科大学本館の跡地に、震災後の一九二四（大正一三）年六月に建設が始まり、一九二六（大正一五）年三月に竣工したもので、設計者は、安田講堂を設計された岸田日出刀氏でした。左奥に安田講堂が見えます。建物の手前に見えるスロープの付いた入り口が当時の正面玄関でした。階段のないバリアフリーの玄関など、その当時としては、モダンなアイディアだったと思います。南側は、夏目漱石『三四郎』に描かれた御殿下グラウンドに向いていましたが、御殿下グラウンドと南棟との間に、一九一六年三月に建てられた、地上二階・地下一階建ての化学東館がありました。赤レンガの壁と白く見える御影石に縁取りされた窓のある、実に優雅な感じの建物で、東大で鉄筋コンクリートを採用した最初の建物であったため、竣工六か月後に発生した関東大震災でも、軽微な損害を受けたのみで無事でした。東大最古の建物で、東大本郷キャンパス再開発の計画でも、そのままの形で残されると聞いています。

一九五三年に物理学科に進学し、本郷キャンパスに通うようになった頃は、中央線・お茶の水駅から歩いて龍岡門を入り、赤レンガの化学東館を左に見ながら、理学部一号館南棟の正面玄関から物理学科に出入りしていました。正面玄関を入ると、目の前に、伸縮式の二重の鉄扉を手で開け閉めして乗り込む、昔ながらのスタイルのエレベータがありました。荷物運搬用といわれていましたが、どのようなメカニズムで動くのか、好奇心に駆られて、ときどき友人たちと一緒に乗ってみました。現在の読者がまったく知らないメカニズムと思いますが、ギヤ駆動のエレベータで、電動モーターがギヤの減速装置を駆動し、巻き上げ滑車にワイヤを巻き取って、エレベータのかごを昇降させるもので、実にゆっくりしたスピードで昇降していました。これでも、大正時代には、最もモダンなエレベータだったのかもしれません。最近の物理学科の教員は、アインシュタイン博士が大正時代に東大を訪ねたときに乗ったかもしれないという想像で、「アインシュタイン・エレベータ」と呼んでいましたが、アインシュタイン（Albert Einstein）博士が東大を訪問したのは、震災前の一九二二（大正一一）年でしたから、エレベータには乗っていません。[2] なお、「アインシュタイン・エレベータ」は、現在東京駅前にある、インターメディアテク、日本郵便株式会社と東京大学総合研究博物館の協働による入館無料のミュージアム（Kitte 二―三階）に保存されていますので、誰でも見ることができます。

図 1.3　屋上で安田講堂をバックに，小谷研同期の伊豆山健夫氏（東京大学名誉教授）と．

私が駒場から本郷の物理学科に進学した当時、理学部一号館の安田講堂側（西側）と弥生門側（北側）が未完成で、三年生の授業は、弥生門の近くにあった物理別館と称する教室で行われました。一九五六年に弥生門側の建物の三分の二が完成して、小谷研は、図1・2にある理学部一号館南棟の部屋から、新館の三階に移り、理学部事務室も一階に移ってきて、弥生門側に理学部一号館の正面玄関が新たに設けられました。

（2）「光電効果の発見」でアインシュタインが一九二一年度ノーベル物理学賞を授与されたことは、一九二二年度のノーベル物理学賞（受賞者はニールス・ボア）とともに、一九二二年に発表された。アインシュタインは、北野丸という日本の客船に乗船して日本に向かっている中で、この発表を聞いたということである。授賞式の当日は、日本に滞在中だったので、もちろん出席できなかった。私は、一九二一年度のノーベル賞授賞の発表がなぜ一年遅れたのか、不思議に思っている。

そして、一九五九年に未完成だった西側（安田講堂側）が完成して、ようやく東西に伸びた長方形のロの字の形になったのでした。

また、今まで小谷研（三階）に同居していた植村研究室が、三階の安田講堂側に新たにオープンした物理学科の広い図書館の隣に自前の部屋を持つことができたのでした。国税で、国立大学の学部の建物を一棟建てるのに、このように大変な年月が掛かることを知りました。読者の皆さんはどのように感じられたでしょうか。

そして、その年の八月に植村先生が米国パーデュー大学で研究をされるために、ご一家で渡米されることになり、研究室の留守を預かることになり、緊張しました。ちょうどその頃、植村先生は裳華房という出版社の依頼で、『半導体の理論と応用（上）』という本を執筆中でしたが、五分の三程度書き上げたところで渡米の時期となり、残りを先生のメモに従って、私が完成することになりました。私は、半導体物理は先生の講義と、トランジスタを発明したウィリアム・ショックレー（William Shockley）著『Electrons and Holes in Semiconductors』の教科書で勉強しただけでしたが、半導体の理論を専門的に勉強している植村研博士課程の大学院生たちと毎日議論をしながら原稿を書き、本を完成することができ、責任を果たすことができました。このときの勉強は、一九六一年八月に、ベル電話研究所・研究所員となって、ショックレーが組織した半導体研究所で研究をすることになったとき、大変役に立ちました。

第2章　ベル研究所と光科学・光通信の時代——配位子場理論

ベル電話研究所（以後ベル研）はトランジスタを発明したことでも名高い研究所です。私はベル研から招聘を受け、一九六一年八月から一九六四年三月まで研究所員として滞在しました。

この時代のアメリカは、ジョン・F・ケネディ大統領の時代で、世界で最も豊かな国でした。一方、日本はまだ貧しく発展途上国の時代で、日米の貧富の差は今では想像できないほど大きなものがありました。本章では、理学博士（東京大学）を取得し、東京大学理学部助手になったばかりの私の、ベル研での研究生活とアメリカでの日常生活についてふれていきます。

東京大学助手からベル研・研究所員へ

東大物理学教室の助手に就任すると、物理学科三年生の量子力学演習を担当することになりました。その頃ベル研究所では、ルビーやサファイアのような、遷移金属イオン（この場合クロムイオン）を含む宝石の色を、配位子場理論の「田辺・菅野ダイアグラム」を用いて、中世の錬金術のように、遷移金属イオンの種類を変えることで、好みの色に変えることができるのではないかと、考え始めていたようでした。宝石、すなわち結晶中の遷移金属イオンM（○印）が、第1章の図1・1に示すよう

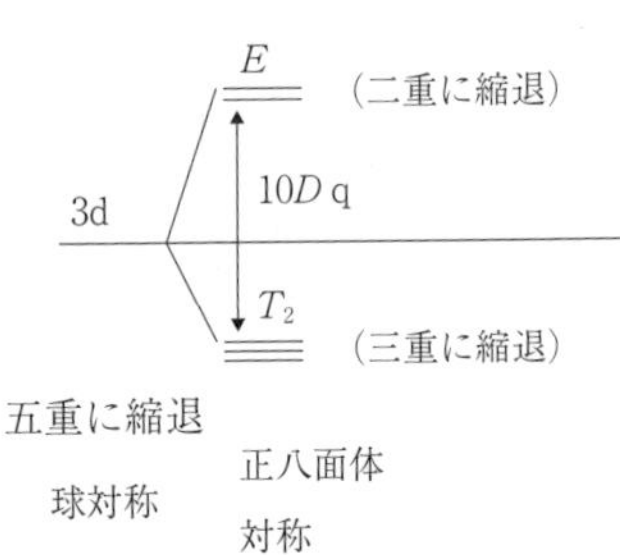

図 2.1　［MX_6］正八面体（第1章図1.1）の系において，遷移金属イオンM（○印）のd電子状態が，立法対称の配子場ポテンシャルを受けて，五重に縮退した軌道状態（図の3d準位）が，三重に縮退したT_2準位と二重に縮退したE準位に分裂する様子．

に、六個の酸素イオンX（●印）の配位子で、正八面体を作るように囲まれていたとしましょう。そのとき、五重に軌道状態が縮退していた球対称の遷移金属イオンのd電子（図2・1の3d準位）の状態は、図2・1のように、三重に軌道縮退したT_2準位と二重に軌道縮退したE準位に分裂します。化合物や錯体の中では、二つの準位のエネルギー差10Dqは、可視光のエネルギー程度になります。遷移金属イオンが、クロムとか鉄とかニッケルとか、種類が異なると、d電子の数が異なります。

ここでは、クロム三価イオンを0・1パーセント含むルビーの場合を考えましょう。クロム三価イオンは、d電子を三個もっています。これら三個のd電子が、図2・1のT_2準位（軌道をt_2と書く）とE準位（軌道をeと書く）を占有するとき、その占有の仕方によって、いろいろな多電子準位（多重項と呼びます）が現れます。たとえば、三個のd電子が、三重に軌道縮退したt_2軌道の三つの成分（$\xi . \mu . \zeta$）のそれぞれを、フントの規則によりスピン（1／2）を平行にして占有したとしましょう（t_2^3と書きます）。足し合わせた全スピンは、3／2となり、足し合わせた軌道角運動量はゼロとなります（この状態をAと書きます）。この多電子状態（多重項と言います）を$^4A_2$と書きます（Aの左肩の4は、この多重項のスピン多重度（2S＋1）を表し、全スピン3／2より、4となります）。この状態は、エネルギーが最も低いので、基底状態といいます。

このようにして、たとえば三個のd電子が、同じt_2軌道にスピンを反平行にして二個、異なるt_2軌道（t_2'と記す）に一個配置した多重項（t_2^2, t_2'）（スピン状態は1／2）をはじめ、t_2軌道にd電子二個、e軌道にd電子一個の多重項（t_2^2e）など、可視光のエネルギー領域に、スピンが3／2と1／2の多重項の励起状態が多数現れます。

太陽光がその結晶（宝石）に当たると、$10Dq$に近い可視光のエネルギーを吸収して、基底状態の多重項$^4A_2$から、スピン値の同じ3／2の多重項、あるいはスピン値の異なる1／2の多重項に遷移します。この場合、スピン値の同じ多重項間の光学遷移はスピン許容遷移といって、光の吸収係数が大きく（強い吸収）、スピン値の異なる多重項間の遷移は、スピン禁止遷移といって、吸収係数が小さい（弱い吸収）のです。

宝石ルビーの場合は、スピン値の同じ3／2の多重項間の遷移は、緑から青色の可視光の領域に存在し、吸収係数が大きいために、緑から青色の可視光は吸収されて宝石の色としては見えなくなります。これに対して、スピン値の異なる、たとえばスピン3／2からスピン1／2の多重項間のスピン禁止遷移に対応する赤色の可視光は、吸収係数が小さく、宝石ルビーは赤く見えるのです。このような場合、色彩学では、吸収の強い緑色から青色と、吸収の弱い赤色のように、正反対に位置する関係の色の組み合わせを補色といい、「ルビーでは補色の赤色が見えると言います」。教会で見られる美しいステンドグラスには、たくさんの遷移金属イオンが含まれていて、今述べたメカニズムで、いろいろな補色で美しく見えるのです。このように、どの遷移金属を立方対称の結晶に導入したときに、どのような色の光が見えるかを予言した理論が「田辺・菅野ダイアグラム」だったのです。

一九六〇年五月、ゼネラル・モーターズのヒューズ研究所で、セオドア・ハロルド・メイマン（Theodore H. Maiman）博士は、ルビーを用いて、レーザー発振に成功しました。これが世界初の固体レーザーで、この発明が固体レーザー時代の幕開けでした。

ちょうどトランジスタを発明したベル研は、通信機器を真空管からトランジスタに変えることによって小型化するとともに、エレクトロニクスの新時代を開くことに成功したのです。そして今度は、可視光領域に発光帯をもつ遷移金属を固体にドープして、種々の波長に対応した小型化した可視光レーザーを作成し、光通信の新時代を開こうと計画していました。

この目的を達成するために、まず、「田辺・菅野ダイアグラム」で、ある結晶に種々の遷移金属イオンを導入したときの多重項構造を計算し、その結果から可視光領域のどの波長の固体レーザーに対応するかの情報を得て、種々の波長の固体レーザーを作成する計画を立てました。そのためには、「田辺・菅野ダイアグラム」を熟知した理論家を招聘しようということになったのです。当時、そのような理論家は、菅野、田辺、私の三人しかいませんでした。こうして、ダイアグラム創造者の一人、菅野暁さんが、高給でベル研に招聘されたのです。一九五九年のことでした。

菅野さんは、一九五九年に発足した東京大学物性研究所の助教授に採用され、着任のため、一九六一年八月に帰国することになったので、ベル研から後任を推薦するよう要請を受け、私を推薦したとのことでした。その菅野さんから、ベル研が私を研究所員として招聘したいとの話を伺ったのは、ちょうど固体レーザー発明のニュースを聞いた直後のことでした。

当時の日本の大学における研究は、船便で送られてくる *Physical Review* の論文を輪講して、研究のネタ探しをしているようなところがありました。このような二番煎じの研究では、研究で世界一になるのが難しいように私は思っていたので、トランジスタを発明した世界一の頭脳集団のベル研で研究をしてみたいと思い、ベル研の招聘を受ける決心をしたのです。その年（一九六〇年）一〇月に結婚することになっていましたので、未知のアメリカでも妻と二人で生活できれば心強いと思いました。

一九六一年一月に、ベル研半導体研究部・化学物理研究課・課長のブルース・ハネイ（Bruce Hannay）博士から、私をベル研に招聘したい旨を含む大変好意的な手紙を、また、一月末には人事部長から具体的な条件を含めた、以下の素晴らしい内容の正式招聘状が届きました。

「貴殿を半導体研究部に所属する研究所員（Member of Technical Staff：ＭＴＳ）に任命する。ＭＴＳは、ベル研における研究者としての最高の地位である。ベル研のＰｈＤ初任給と同じ給料、ならびに東京―ニューヨーク間の航空運賃として、ファーストクラス料金を支給する。研究テーマは、自分の興味のある領域で、自分で決めてよい」。

博士課程を修了して二年目でしたが、大変高額の給料を支給され、しかも研究テーマは自分で決めてよく、一年間の契約ですが、二年目に更新可能ともあり、破格の条件のオファーでした。これは、私が博士課程在籍中に公表した配位子場理論に関する五つの論文（一つは単著の論文、他の四つのうち三つは第一著者）を、ベル研が高く評価してくれた結果と思い、優秀なＭＴＳ頭脳集団と一緒になって研究する勇気も湧いてきました。

しかし、東大人事部で問題が発生しました。ベル研は米国最大手の電話会社アメリカン・テレフォン・アンド・テレグラフィ（ＡＴ＆Ｔ：アメリカ電信会社）の子会社として一九二五年に設立された民間企業の研究所ですので、国家公務員が民間企業で働くことについて、人事院規則に抵触する可能性があったのです。東大がその点について説明を求めたことに対する、ベル研の返事は以下のようなものでした。「ベル研の目的は、人類の幸せのために、科学技術の基礎の発展に貢献することにある。トランジスタの発明は、まさにその例である」。

アメリカへの初めての入国

東大の許可もおり、一九六一年八月一四日、三一歳の誕生日の翌日、羽田空港を家内とともに発つ際には、両家の家族、親戚や、小谷先生の奥様、小谷研の先輩の方々、友人など大勢の方々に見送って頂き、今生の別れのようでした。

当時は、日本から持ち出すお金は最大二〇〇ドルと決められていましたし、ベル研の契約には、帰りの航空運賃は入っておらず、簡単には帰国できないという思いがあったのは事実です。幸い、私たち夫婦と米国で誕生した娘が帰国する一九六四年には、帰国する旅費も家族を含めて出してくれました。

当時は、サンフランシスコ行きのＪＡＬのジェット機が就航して一年くらい経った頃でした。入国手続きをホノルルで行うため、ＪＡＬ八一〇便の旅程表には、羽田発、八月一四日午前九時、ハワイ・ホノルル到着、八月一三日午後二一時二五分とありました。飛行機に乗るのは生まれて初めてでした。機中での昼食後、窓から見える太平洋の海を飽かずに眺めていましたが、羽田を発って五、六時間経った頃、何のアナウンスもなく飛行機が降下し出しました。何が起こったのかと緊張しました。そして、小さな島の滑走路に着陸しました。ハワイに着くには早すぎると思っていたら、給油のため、ウエーキ島に立ち寄りましたが、外には出られません、とのアナウンスがありました。まだ直行でハワイに飛べるほどにジェット燃料が積めない時代だったのです。窓から外を見ると、ウエーキ島で撃沈された日本の軍艦の舳先だけが海の上に飛び出ているという映画のような光景があり、第二次世界大戦の傷跡を強く感じました。

ホノルル空港で降りたとき、「こちらへどうぞ」と一般の入国者とは異なる出口に案内され、入国審査官はなんと私たち夫婦に敬礼するではありませんか。真珠湾の地でしたので、びっくりしました。後に、この疑問をベル研の昼食のときに話したところ、「私の米国での給料が軍の准将級の給料と同じ程度に高給であること、ビザは将官と同じH1ビザで、米国が必要とする人間に対して与えられるビザで、入国審査官はランクの高い日本人と思ったのではないか」ということでした。

当時、アメリカでは、世界初の人工衛星の打ち上げを、旧ソ連邦のスプートニクに先んじられたこともあって、世界の科学技術の最先端をアメリカの科学者の力で開拓すべしとのムードが大変強くなっていました。そのため、米国では、ベル研、ＩＢＭ以外にも、ブルックヘブン研究所、ＧＥ、ロッキードなど、新しい研究所が続々設立され、他の研究所の優秀な研究者を高額で招くことが盛んになりつつありました。ベル研の博士号をもった研究者の給料も大変高額でした。おそらく、軍人の将官級の給料と同じだったのではないでしょうか。私の父親が戦前三菱商事に勤めていましたので、父親をアメリカの我が家に招待したとき、三菱商事ニューヨーク本社に、友人の社長を訪ね、私のベル研での給料の話になりました。三三歳の私のベル研の給料が副社長の給料と同じであったことに驚いておられました。

他の日本人乗客は、Ｘ線写真のフィルムを持って入国審査待ちの長い列に並んでいましたが、東京のアメリカ系病院で結核の検査もすんでいましたので、Ｘ線の写真を持たずに入国できたのです。これも、ベル研の手配のお蔭でした。

ホノルルに着いた日は、時差の関係で八月一三日でしたので、一九六一年は、日本とアメリカで、誕生日を祝うことになりました。ホノルルに二日間滞在して、サンフランシスコ経由で、八月一六日にニューヨーク国際空港（現在のジョン・Ｆ・ケネディ空港）に到着、その日は菅野さんのお宅に泊めて頂き、翌一七日にベル研に着任しました。手続きの際に受けた説明は、以下のようなものでした。「ベル研は、アメリカの電話網の大部分を運営・整備しているアメリカ電信電話会社（ＡＴ＆Ｔ）と電話機、ケーブル、電話交換機などを製造しているウェスタン・エレクトリック社が共同出資して、一九二五年に設立した会社であること、貴方の月給や研究費は両会社の出資によること」などです。私は大学教官でしたので、特許についての手続きは興味深く、今でもよく覚えています。「ベル研は、「特許報酬料」として私に一ドルを払い、特許はベルに帰属する」という規定で、私は一ドルを頂きました。(1) こうしてベル研での生活が始まりました。

アメリカでの生活

アメリカでの最初の住まいは、ベル研の指定したニュージャージー州ニューアーク市にあるアイビーヒル（Ivy Hill）と呼ばれる一五階建てのアパート群の一つで、最上階にある2ＬＤＫの住宅だったので、眺めが良かったです。同じアパートの八階には、旧制武蔵高校の先輩で今でもお付き合いのある、ベル研デバイス部のＭＴＳ、黒川兼行さんの一家が住んでおられ、いろいろ助けて頂きました。

車と自動車免許

我々がアメリカに到着して一週間後に菅野さん一家が帰国されたのですが、その直前に菅野さんから車を廉価で購入しました。アイビーヒルからベル研のあるマレーヒルまでは、車がないと通えなかったからです。入国して一週間で自家用車を購入した話をしますと、「どうして免許を、そんなに早く取得できたのか」と質問されます。免許取得には、不思議な巡り合わせがあったのです。

私は、車を購入後すぐに、アメリカでの免許証取得の手続きをするため、アイビーヒル地区の陸運局（Motor Vehicle Agency）に出掛けました。驚いたことに、カトリックの神父が座っていて、上手な日本語で話しかけてきたのです。東京麻布三河台にある聖ヨゼフ修道院所属の神父で、調布の教会に仕えていますが、たまたま帰国中でした。そこはその神父の父上の事務所だったのです。

（1）一九七三年三月二八日、米国電子学会（ＩＥＥＥ）から、トランジスタを発明したショックレー、バーディーン、ブラッテンの三博士に記念メダルが授与され、その後三人を囲んだパネル討論会「トランジスタの昨日、今日、明日」が開かれた。この討論会の質疑討論で、聴衆の一人が「トランジスタの発明でいくら儲かったか」と尋ねたとき、ブラッテン博士が「ベル研からは一ドルもらっただけだ、金にはもともと未練がない」と答えたそうである。バーディーン博士も「私も一ドルもらった」と言ったということである。

日本の免許証を持っていたので、「運転には自信がある、車を購入したので、できるだけ早く運転免許を取得したい」と神父に話しました。神父は、そのまま訳して父上に伝え、善処をお願いしたようでした。父上も役人的なところがなく大変親切で、指導者付きで、路上での運転練習ができる許可書をその場で交付してくれ、またなんと同時に試験日の予約までしてくれました。

その後、神父は、菅野さんから購入した車を見にアパートの駐車場に来ると同時に、私の運転技術をチェックしました。特に、縦列駐車が最も難易度の高い実技試験なので、練習をしておいた方がよいとのアドバイスをされ、神父の指導で、駐車場の空き地で練習をしたのです。試験当日は、私の車に同乗して、一緒に試験場へ行ってくださり、「この人は運転が上手」と試験官に囁いていました。こうして、私は一度で免許を取得することができたのです。

アパートに入居して一週間後には、車で家内とともにハイウェイをドライブしてスーパーマーケットに行き、食料や生活必需品を買うことができました。神父とお父上が親身になって世話をしてくださったお蔭で、アメリカでの生活に非常に早く溶け込むことができ、「将来、外国人が日本で生活するときには、親身になって世話をしなければ」と思ったのでした。

アイビーヒルでの日常生活

アイビーヒルで生活を始めた八月に、自分の運転で通勤し、ベル研での研究生活をスタートできたことは、我ながら驚きでした。ベル研は丘の上にあり、アパートから車で三〇分の距離でした。一二月になると、雪が降ったり、道が凍ったりした中での車の運転は大変で、特に雪の日は、帰路、暗闇でチェーンを巻くのが苦労でした。

ベルに勤めてから半年後の一九六二年一月に、長女裕美が生まれました。子供の世話をするために、研究所から早めに帰ることにしたときに、課長に「失礼します」と挨拶に行くと、「なんでいちいち自分に断るのだ。MTSは独立した自分の城を持っているのだから、課長に断る必要はない。秘書にだけ言っておけばよい」と言われました。日本の制度との違いを認識するとともに、MTSの地位の高いことを自覚しました。

秘書は各課に一人いますが、私たちの課の秘書は大変有能でした。彼女は間もなく、半導体研究所の部長（Director）の秘書に昇格しましたが、同じ研究所内でしたので、在任中いろいろとお世話になりました。英文で手紙を出すときは、速記者をオフィスに呼びます。手紙文を読めば、彼女がタイプをしてくれるので、そこにサインをすれば出来上がりでした。ただ、ベル研の便箋に清書された文章にサインしようとしたとき、エルの発音がしばしばアールにタイプされていることに気が付き、注意をしたら、「発音通りにタイプするのが速記者の義務」と言われて、ギャフンとなり、それからは、エルの音が正しく発音できるように、毎日練習しました。

高給でしたので、一番大きな出費のアパート代を払っても、暮らしは楽でした。日本では、中古でも状態の良い車の値段は数年の年俸に対応していたのに、ベル研の研究者は一か月の月給で購入できました。アメリカの富の大きさを肌身で感じたのです。アメリカ人研究者並みに豊かになるには、日本がどのように発展すればよいのかと、ベル研日本人研究者の間で、当時は週末によく議論したものでした。

ちなみに、課長からは、「アイビーヒルのアパートは低所得者層のために建てられたもので、貴君にはベル研の近くで一軒家に住めるだけの給料を払っている。子供や奥さんのためにもなるべく早く引っ越した方が良い」とのアドバイスをもらいました。そこで、ベル研・住宅部に一軒家の紹介を頼んだところ、ベル研に車で五分程度の距離にあるニュープロビデンスという町に、４ＬＤＫで二階建て（家具付き借家）の家が見つかり、一九六二年七月に引っ越しました。車二台を収容できる車庫もあったので、家内も車を持ち、広い芝生の庭を整えるため、電気芝刈り機も購入して、アメリカ流の生活を楽しみました。「郷に入れば郷に従え」の精神です。

二階にもシャワー付きの寝室があり、日本からニューヨークに来られる先生方、研究者、友人たちがよく我が家に泊まられ、旧交を温めて楽しい一時を過ごしたものです（図２・２、図２・３）。

ベル電話研究所

一九六一年当時のベル研で研究を始めて感じたのは、トランジスタを発明してエレクトロニクスの時代を先導している自信がどのＭＴＳにも漲っていることでした。ＭＴＳの顔ぶれ、実力、実験装置、その他、研究所として世界一の実力を誇り、研究所全体にもエネルギーが満ち満ちていました。組合の調査では、物理のＭＴＳの平均年齢は四〇歳未満でした。どうりで、元気が漲っていたわけです。

ＭＴＳ、管理部、研究補助の助手、技術員、秘書、速記者、サポート職員、雑役職員、ガードマンなど、マレーヒルの研究所で働いている人は、全部で三五〇〇人ないし四〇〇〇人ほどいました。このうち、基礎研究部門で博士号をもつ物理学ＭＴＳは一二〇人程度で、秘書、速記者、研究補助の助手、技術員、雑役職員などのサポーティング・スタッフが約五〇〇人雇用されていたので、ＭＴＳ一人一人が城を構えている感じでした。たとえば、あるとき、同じフロアでの私のオフィスの引っ越しがありました。本が二〇冊程度あるだけでしたから、手にもって移動しようとしたら、「貴方のために雑役職員を雇っているので、体だけ移ればよい」と言われました。

デバイス部門も同じような構成で、それ以外にコンピュータ部門も大変充実していました。車は四〇〇〇台駐車可能でしたので、歩くことをいとわなければ、駐車で困ることはありませんでした。

図２・４は、一九六一年当時のベル研の写真、図２・５は、ＡＴ＆Ｔベル研に名前が変わり、コンピュータ科学に力を入れて、新しい建物を建てた直後の空中写真です。

図 2.2　ニュープロビデンスの我が家（1962 年 7 月から 1964 年 3 月）.

図 2.3　伊達宗行さんと我が家の庭で（1963 年 11 月感謝祭）.

図 2.4　1961 年当時のベル研（鳥瞰図，帰国の際のベル研からのプレゼント）

左手真ん中のところの道に沿って車で入り，突き当たったところが正面玄関とレセプション．左下，左上，右手にオープンの駐車場がある．左下の駐車場のすぐ右横が私も講演した講堂．講堂の右上の図書館から，基礎研究部門（ビルディング 1），デバイス部門（ビルディング 2）へ突き抜ける数百 m の廊下がある．廊下の中央から，右側に細い廊下でつながった直方形状の建物がコンピュータ部門の建物，レセプションの近くにカフェテリア，2 階が食堂．左手の広場が 3 ホールのゴルフ場，その上側の広場がソフトボールのグラウンド．昼食後に仲間とときどきゴルフをした．

楽しい昼食、ベル研の歴史、トランジスタの誕生

私の部は、トランジスタ時代からのシニアの研究者が何人かいましたので、昼食は、二階の食堂で同じテーブルを囲み、彼らに倣って月給から差し引くようにしました。ニューヨークでの音楽会や展覧会、経済問題、世界情勢、講演会で聴いた話に耳を傾けながらの昼食は、実に楽しいものでした。

お蔭で、アメリカ国内のニュースについて事件の背景の説明なども聴くことができ、それを理解するために「ニューヨーク・タイムズ」を購読して勉強したのです。ランチメンバーのシニアの一人が、一九五〇年代の初めに、ジェラルド・ピアソン（Gerald Pearson）博士と共同で太陽電池を発明したカール・フラー（Calvin Fuller）博士でした。フラーさんはシカゴ大学物理化学出身の研究者で、ベル研の昔のことをよくご存知でした。好奇心の旺盛な私がいろいろ尋ねると、楽しそうに説明をしてくださり、他の仲間たちも茶々を入れたりして、ベル研のことがだんだんわかってきたのです。

ベル研が一九二五年に設立されたときは、ニューヨーク市ローワーマンハッタンのウェスト・ストリートにあり、第二次世界大戦中に研究所の人間が増えてマレーヒルの広大な地に移り、ビルディング1は一九四二年に出来上がったとの話でした。

図2・4のように、ビルディング1の廊下は二五〇メートルと長くなっていました。どの研究室もドアを開けて仕事をするのが慣習になっていて、廊下から部屋の中を覗くことができ、興味があれば自由に入って議論をして、分野を問わずに共同研究ができるようにという発想だったそうです。初対面の後は、ボスと言えどもファーストネームで名前を呼び、今の言葉でいえばすべてにバリアフリーの雰囲気が漂っていました。ただ人事をはじめ事務の社員・秘書は、Dr. Kamimuraのように肩書をつけた名字で私を呼んでいたので、ＭＴＳの階級はベル研では最高のクラスだとの認識をもちました。

さて、マレーヒルに移った新しいベル研。そこで革新的だったことの一つは、ウィリアム・ショックレー（William Shockley）博士を部長とする固体物理の研究が中心となったことでした。その当時、太平洋戦争の真っ只中で、日本は大学も固体物理の研究どころではなかった時期のことです。

図2.5　リニューアルしたベル研（1975年頃，ベル会のメンバー，西敏夫氏（東京工業大学名誉教授）からの提供）

真ん中にレセプションとコンピュータ部門，右がビルディング1，左がビルディング2となり，ゴルフ場はなくなった．

一九四五年には、理論物理のジョン・バーディーン（John Bardeen）博士が入社して、ショックレー部長の部に所属しました。今述べたビルディング1の長い廊下と同様の考え方で、バーディーンさんは、実験物理のウォルター・ブラッテン（Walter Brattain）博士の部屋に同居させられたとのことです。

フラーさんの話では、バーディーンさんとブラッテンさんは、静と動のまったく反対の性格だったことがかえってよかったのか、大変仲良しになって、半導体を使った増幅器を作成しようと共同研究を始めたのです。

そして、「結晶の表面には電気的二重層ができている」という新説をバーディーンさんが唱えたとき、ブラッテンさんはその理論を確かめようとしました。n型ゲルマニウムの基板を作り、二本の金属針A、Bを立て（図2・6(a)）、Aの針から基板に小さな電流を流し込んで、この電流をBの針でチェックをしました。そして、二つの針を近づけたところ、Bの針の電流が増幅する現象を発見したのです。トランジスタの基礎となる増幅作用はこのようにして発見されたのです。一九四七年のクリスマス・イブのことでした。これは「点接触型トランジスタ」と呼ばれた世界最初のトランジスタですが、現在は使われていません。

私が入社したときには、ブラッテンさんは表面物理研究課にいました。私が旧ボスのハネイさんの家に招かれたときブラッテンさんも招かれており、そのとき以後、廊下などでよく立ち話をするようになったのです。彼はフラーさんと同じ歳で私の父親より二つ若いだけだったのですが、大変エネルギッシュで、まさにフラーさんが話していたように動の性格でした。

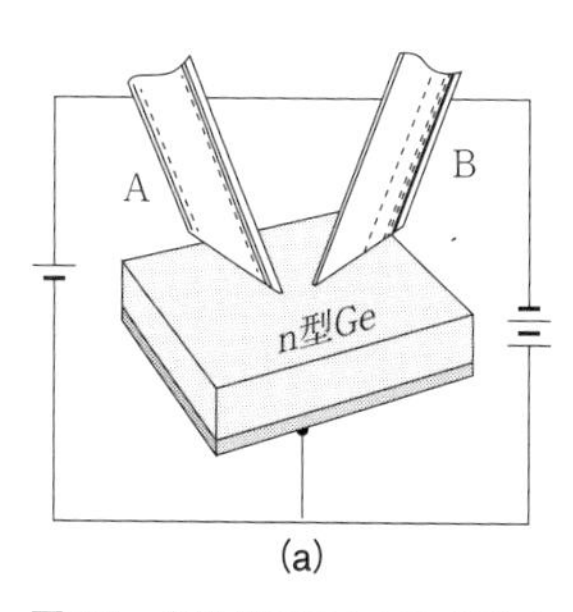

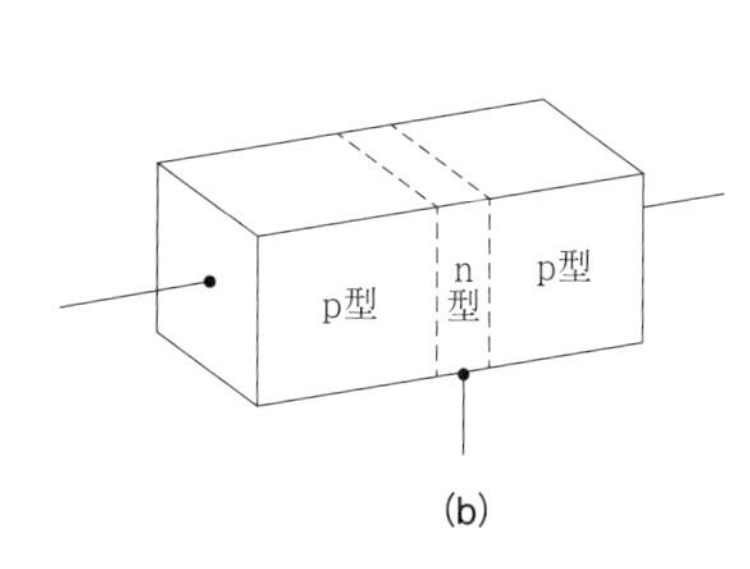

図 2.6　世界最初のトランジスタ
（a）点接触型，（b）接合型．

一方バーディーン博士は、後年、私がキャベンディッシュ研究所にいたときに訪ねてこられ、アンダーソン博士の紹介で知り合いになりました。大変物静かで、静の性格であることを確認したのでした。

私は、ベル研に入社するまでは、半導体の専門家ではありませんでした。そして、一九五六年のノーベル物理学賞のサイテーションでは、「半導体に関する研究とトランジスタ効果の発見」はショックレー、バーディーン、ブラッテンの三人の名前でした。そのためフラーさんたちから話を聞くまでは、この三人で、仲良く研究をして、「点接触型トランジスタ」を発明したと思っていました。バーディーンとブラッテン両博士の研究に、なぜボスのショックレー博士が参加していなかったか大変気になりましたが、昔の仲間たちは、彼のことを話題にしたくないようでした。それは、ショックレー博士は一九五五年にカリフォルニアに会社を設立して、いろいろ物議を醸していたこともあったようです。

私は自ら調べて、「点接触型トランジスタ」発明の発表からわずか一か月後の一九四八年一月末に、彼が独自に「接合型トランジスタ」の理論と設計を発表したことを知りました。このトランジスタは、図2・6bに示すように、非常に薄いn型半導体の領域の両側にp型半導体の領域があるもので、これが今日使っている本格的なトランジスタになったものです。ショックレー博士の天才的な才能に感服したことでした。

素晴らしい研究者たち

ベル研の基礎部門で私が研究でお付き合いをした方々の一部をここで紹介します。

最初に私が配属された部署は、半導体研究部（Semiconductor Research Laboratory（113））の化学物理研究課（Chemical Physics Research Department（1132））でした。巨大な組織なので、Laboratory や Department には、番号がついていて、どの課と聞かれたときには、番号で答える習慣でした。

その頃の1132課には、以下のような方々がいました。私を招いてくれた課長のハネイ（Bruce Hannay）博士は化学者で、一九六六年にアルカリ金属をグラファイトにインタカレーとした第1ステージ C_8K の超伝導を発見したチームのリーダーになった研究者です。行政的に大変優れていて、私がベル研に入社したときは、化学研究部（Chemical Research Laboratory（112））の部長（Director）でした。その後、専務取締役（Executive Director）から副社長（Vice President）に昇格し、ベル研を代表する方になられました。優しく心の温かい方で、人格者でした（図2・7）。

ハネイさんが部長に昇格した後の1132課の課長は、ハトソン（Andy Hutson）博士で、彼が私の入社時の課長でした。各課の構成で特徴的だったのは、ほとんどの課で、MTSの専門領域として、物理と化学出身が混在していることでした。これも、「ビルディング1の長い廊下の発想」に由来していたのでしょう。しかし、物理出身者も、化学出身者も、共に物理も化学もよく知っていて、暫く付き合っていると、物理の出身か化学の出身かわからなくなるほどでした。

１１３２課で一番お世話になったのは、先ほど紹介したフラーさんご夫妻です（図２・８）。アメリカでの生活をスタートしたばかりの私たち夫婦の面倒を、ご夫妻で実に親切に見てくださいました。一九六二年一月に長女が生まれたときは、産湯のバスタブをはじめとして、ご夫妻の子供たちが使った、乳児のケアに必要な道具を一式貸してくださいました。アメリカでの両親のように思って、何でも相談しました。私たちが帰国後、「アメリカの両親だよ」と言って、東京荻窪の宅に訪ねて来られたこともありました。

理論物理課（１１１１）には、著名な理論物理学者が何人かいました。東大で教わったアンダーソン先生と、バンド計算のＯＰＷ法を考案したヘリング（Conyers Herring）博士のお二人には、大変お世話になりました。アンダーソン先生は、毎週、理論のティータイムで会い、質問をすると必ず有益なアドバイスや読むべき論文を紹介してくれました。

図 2.7　ベル研専務取締役として，NHK放送科学基礎研究所を訪問したときのハネイ博士（1969 年 7 月）.

ヘリング博士は、私の論文の草稿をいつも丁寧に読んで、貴重なコメントをくれた、私のベル研での先生でした。*Physical Review Letters* や *Physical Review* に論文が掲載されたのは、彼の有益なアドバイスのお蔭だと思っています。ヘリング博士は、*Physical Review*、*Physical Review Letters* や *Physical Review* をはじめ、世界中の著名な学術誌に掲載された論文を図書館で読み、ベル研理論のＭＴＳに重要と思われる論文の内容をメモしたカードを小型トランクに入れて、図書館とオフィスの間を毎日往復することで有名でした。トランクの中には、たくさんのカードが入っていたので、重かったと思いますが、我々の研究の発展のために努力してくださり、物理のMTSから感謝、尊敬されていました。

また、月に一度はジャーナルクラブを開催し、MTSに重要な論文を、ご自分か、あるいは、その論文に適したMTSに依頼して、紹介していました。そのため、このジャーナルクラブは、研究に忙殺されて他人の論文を読む時間が不足していた我々MTSにとって、極めて重要な情報源となったのでした。一九六四年三月、帰国直前の送別パーティでは、私のために詩を作って朗読してくださいました。これは、私には、まったくサプライズのプレゼントでした。この詩は、今でも私の机上のガラスの下に保存して、毎日読んでいます。

図 2.8　娘の顔が見たいと言われたフラー博士宅に招かれて（1962年5月）.

一九六六年、京都で開催された第八回半導体物理学国際会議（日本で最初の半導体国際会議）では、ヘリング博士はプレナリー講演者に選ばれて来日され、再会しました。国際会議後には、ヘリングさんとベル研理論物理課・課長のメルビン・ラックス（Melvin Lax）博士の二人を誘って京都の町を案内し、三年ぶりにベル研理論グループ時代を思い出して、楽しい一日を過ごしました。

理論物理課では、年齢が近いこともあって一九六二年にポスドクで入社したマービン・コーエン（Marvin Cohen）博士（現カリフォルニア大学バークレー校インスティチュート教授（カリフォルニア大学の教員に授与される最高の称号）とも親しくなりました（図2・9）。一九六三年にカリフォルニア大・バークレー校に移り、ベル研では短い期間でしたが、今日に至るまで、親しい友人として、お付き合いをしています。彼は、ベル研に入社する前、シカゴ大学で半導体が超伝導になる可能性を予言した博士論文を発表して、注目されたのです。バークレーでは、擬ポテンシャル法を用いて、IV族およびIII-V族半導体のバンド構造を計算する大きな理論グループを築き上げ、現実の物質の電子状態を計算する世界的大家として活躍しています。

図 2.9　マービン・コーエン博士（1991年3月私の東大退官パーティで）.

　最後に、私たち家族と同じ時期にベル研に滞在した日本人研究者を紹介します。当時は、日本人研究者の数は、まだ少なかったですが、それだけに家族同士でもよくお会いしたりしました。

　植之原直行さんは、大学院のときに米国に来られ、オハイオ州立大学大学院博士課程を修了してPh.Dを取得された方です。その後ベル研究所にMTSとして入社し、私が入社したときは、デバイス部門の一つのグループの主任をしていました。ベルに来られる日本人の世話を、奥様の佐紀子夫人とともに、実に親切にされており、ベル研の日本人は皆、植之原さんご夫妻を頼りにしていました。

　私たちに娘が生まれて間もなく、一九六二年の五月末、メモリアルデーの連休を利用して、ニューヨーク州の有名な避暑地のモホンク（Mohonk）湖に連れていってくださり、森に囲まれた湖の周りに沿って、乳母車を押しながら森林浴を満喫しました。物音一つしない実に物静かな大自然の中を四人だけで話しながら歩くことができて、日本とは異なるアメリカの魅力を強く感じました。

一九六七年の夏に、共同研究の打ち合わせのために、再びベル研を訪れたときには、林厳雄さんと固体エレクトロニクス部（１１５）のデバイス物理化学課（１１５２）で一緒に仕事をしました。当時、林さんは、化学者のパニッシュ博士と共同で、半導体レーザーを室温で連続発振させるという、難しくも大変魅力的な研究プロジェクトに取り組んでいました。ときどき二階の食堂で昼食を摂りながら、III-V族半導体に不純物をドープしたときの電子状態について質問され、正確な答えを求めて議論が沸騰し、真剣勝負の研究の一端を教えてもらいました。

ベル研での研究生活

物理の基礎研究部門は、既に述べたように、Ph.DをもつＭＴＳが一二〇人ほどいましたが、理論物理のＭＴＳは一割程度しかいません。しかも、我々のような若いＭＴＳは、バーディーンさんと同じように、実験家と一緒の部に配属されていました。特に配位子場理論の専門家は、私一人しかいなかったので、多くの実験グループから、彼らの測定した実験結果の解明を求められて、非常に忙しい日々でした。毎朝出勤すると、オフィスの前に実験家がデータをもって待ちかまえており、それから議論が始まります。そして、実験結果解明のために計算することを次々に約束したため、自転車操業のように忙しくなりました。

特に、近赤外領域の固体レーザーの発振は、ベル研自体の重要なプロジェクトの一つになっていたようで、どの遷移金属が適しているか、予言をしてほしいといくつかの実験グループから要請がありました。「田辺・菅野ダイアグラム」で計算をしてみると、MgF_2タイプの結晶にドープしたニッケルの二価のイオンが適している旨の計算結果を得たので、これらのグループに渡したところ、化学のグループが最初にレーザー発振に成功したのです。私は、「ビルディング1の長い廊下」の精神で、どのグループのＭＴＳとも親しく接し、好奇心が湧けば理論を構築して実験家に説明をしました。ただこのときだけは、これらのグループがプロジェクトの完成で競争していることに気が付きませんでした。どのグループとも仲良しの間柄でしたので、勝ち負けがついた後で、負けたグループの友人たちとの間には、しばらく後味の悪い思いがありました。

ベル研でのＭＴＳとしての勤めが一年を過ぎる直前のある日、課長のハトソン博士が部屋に突然入ってきて、「ヒロシのサラリーを上げたよ」と言いました。日本のように書類を渡すのではなく、口頭でした。前に述べたように、ベル研の組織は、いくつかの研究所（本書では部と呼んでいます）からできており、そのトップの部長（Director）が役員会でサラリーを決定し、それを課長に伝えて、課長が課のＭＴＳに伝えていたのです。あるとき、私の共同研究者のサラリーが上がらなかったとき、課長に面と向かって、「お前の働きが悪かったために、俺の給料が上がらなかった」と言っていましたので、びっくりしました。「なぜ課長に文句を言うのか」と聞いたら、「課長は、その課のＭＴＳ全員の給料の一部を割いて、高い給料をもらっているのだ」との答えがありました。米国では、日本とは異なり、部下の待遇を良くすることは、上司の務めであり、そのために管理職に就いているのだと思うようになりました。私の所属した１１３の半導体研究部の部長は、バートン（Joe Burton）博士でした。温和で思いやりがあり、いつも優しく接してくれました。私の身分は、彼が権限をもち、契約を二年目に延長してくれたのでした。

ＭＴＳ二年目になると、実験グループから実験結果を解析してほしいとの要請が益々多くなりました。実験グループと議論をするときには部屋のドアを閉めるので、ドアの外側にスケジュールを貼り付けて、今どのグループとの仕事が進行中かを示しておいたのです。課長は、「大変忙しそうだね」と言って、プリンストン大学数学科出身のプログラマーを私のアシスタントに採用してくれました。大型計算機の計算はすべて彼が行ったので、時間的には大変助かりました。課長の親切な心遣いでした。しかし、そのために、ベル研で大型計算機で計算のプログラムを作る機会を失してしまったことは残念に思っています。

私がベル研を去った一九六四年四月以降に、外部の日本人研究者がベル研を訪ね「上村に会いたい」と言ったとき、「〝タイムテーブル〟の上村は、日本に帰った」と受付が答えたことで、私に、「time-table」というあだ名が付いていたことを知りました。

話を契約期間の件に戻します。私は、ベル研のオファーが一九六三年八月まで延長された時点で、休職期限の二年目に入り、二年滞在して帰国することになると考えていました。ところが、一九六二年春に、バートン部長から「ベル研に正式社員のＭＴＳとして残らないか」との話がありました。

新設の課のＭＴＳに

一九六三年一月には、結晶物理課（Crystal Physics Research Department）が新設され、理論では私とヤッフェ（Yako Yafet）博士が主要なメンバーとなりました。課長はメスバウアー効果の実験で有名なワーサイム（Gunther Wertheim）博士でした。ヤッフェさんは、強磁場中の半導体の電子状態の研究の大家でした。若い人中心に固体物理の研究を推進する新設の課を作ったので、東大が同意するなら正式社員として活躍して欲しいと言われました。給料も大幅に上げてもらったので、「このままベル研にいてもいいかな」との気持ちもありました。しかし、植村先生にお尋ねしたところ、「大学では、三年間の休職で許可をしていると言っています」と、あまり良い返事を頂くことができませんでした。

一九六二年五月には、当時の東京大学総長茅誠司先生が、日米政府間科学協力に関する日米委員会第二回会合に、日本側委員として出席するため、ワシントンに来られました。そして会議の席上、「アメリカが高給で優秀な若手研究者を雇うから日本の大学が空っぽになっている。日本は科学技術を発展させて復興しないといけない時期で、日本の大学では優秀な若手研究者を必要としている」と言われたそうです。それを受けて、ホワイトハウスは、日本人研究者の雇用に関する通達をアメリカ国内の企業に配布しました。それはベル研にも送られてきていました。

ベル研ではその通達について、一九六三年春に人事担当の副社長から私に説明がありました。「今までパーマネントのオファーを出していたけれど、この通達に従って、東大が同意をしないなら、あなたを引き留めることはしない」という趣旨の内容でした。

そして一九六三年夏には、小谷正雄先生から、「今会議でアメリカに来ている。日本への帰途、お宅に泊めて頂きたい」との電話が突然ありました。先生は、ニュープロビデンスの宅に二日おられました。最初の日にベル研を訪問され、二日目は、庭で娘と遊んでおられました。帰国時、ニューアークの飛行場にお送りする車中で、「一九六四年度の授業では、君が物理数学の演習を担当することに決まったので、それまでに帰国するように」と話されました。先生がお出でになった目的は、帰国命令を伝えるためであったことを、このとき知りました。

親切なお手紙を何度もくださった植村先生にも申し訳ない気持ちがあり、一方でせっかく新しい課まで作って頂いたベル研にも申し訳なく思ったのですが、小谷先生からのメッセージをバートン部長に伝えて、一九六四年三月にベル研を退社することにしました。

実は、ちょうどその頃、半導体レーザーが発明され、「田辺・菅野ダイアグラム」による固体レーザーの開発もそろそろ終わりではないかと思い、新分野を開拓したいという好奇心に心が躍り始めていました。新分野を見つけるには、目的意識の強い研究所より、素粒子・原子核を含めた広い分野の優秀な研究者が大勢いる東京大学物理学教室の方がよいこと、また新分野での日本の若手研究者を育てたいとの愛国心的感情も湧いてきたことが、帰国する大きな理由でした。

ジョー・ディロンさんとの出会い——透明な強磁性体の磁気光学効果

ベル研に来て半年が経った一九六二年の春頃、ディロン（Joseph Dillon, Jr.、ニックネームがジョー）博士が私のオフィスに来て、日本語で自己紹介をされました。戦後すぐ日本に軍人として来られ、日本をよく知っておられることがわかりました。日本人に対して大変理解があり、すぐに打ち解けて、友人となったのです。

その当時、彼は、固体エレクトロニクス部（１１５）光エレクトロニクス課（Optical Electronics Research Department 1155）のＭＴＳでした。光を使って、磁性体の磁区構造を見えるようにする研究で有名でした。ファラデー効果と光の偏光を利用した偏光顕微鏡を用いたのです。新しい実験方法を考えて、未知の分野を切り拓こうとする彼のパイオニア精神に共感し、彼の共同研究の申し出に同意しました。

可視光領域で透明な強磁性体 $CrBr_3$ は、東北大金属材料研究所の坪川一郎氏が初めて作成しましたが、ベル研の結晶製作者のレメイカ（J. P. Remeika）準MTSも、$CrBr_3$ の結晶作成に成功しました。図2・10(a)にその結晶構造を示します。クロム三価イオンは、この章のルビーについて説明したとき述べたようにd電子を三個もち、フントの規則により全スピンは3／2、軌道角運動量はゼロの多重項で、その基底状態は、$^4A_2$ です。Cr^{3+} イオンのスピンは強磁性を示し、強磁性転移温度は三二・五Kです。この温度以下の一・五Kで光吸収を測ってみると、可視光領域の赤や青の波長で線スペクトルが現れ、また青より波長の短い領域で吸収係数が振動数の増加とともに大きくなりました。この吸収が強くなり始める振動数（吸収端と呼ぶ）より大きな振動数をもつ直線偏光の光を、強磁性の磁化の方向に沿って入射させると、光の直線偏光面が非常に大きく回転するのです。彼の提案は、これらの不思議な光学現象を明らかにする理論を構築してほしいというものでした。彼の示したデータが図2・10(b)です。

ここで、ファラデー回転と磁気回転について、簡単に説明しておきます。磁場 H の中にガラスのような透明な物質を置き、その磁場中を直線偏光が磁場方向に沿って進む様子を図2・10(c)に示します。光が通過するときに、その偏光面が図に示すように回転する現象を、発見者の名前をとってファラデー効果、またその回転角 θ を、ファラデー回転角と呼びます。ここで、透明な物質として透明な強磁

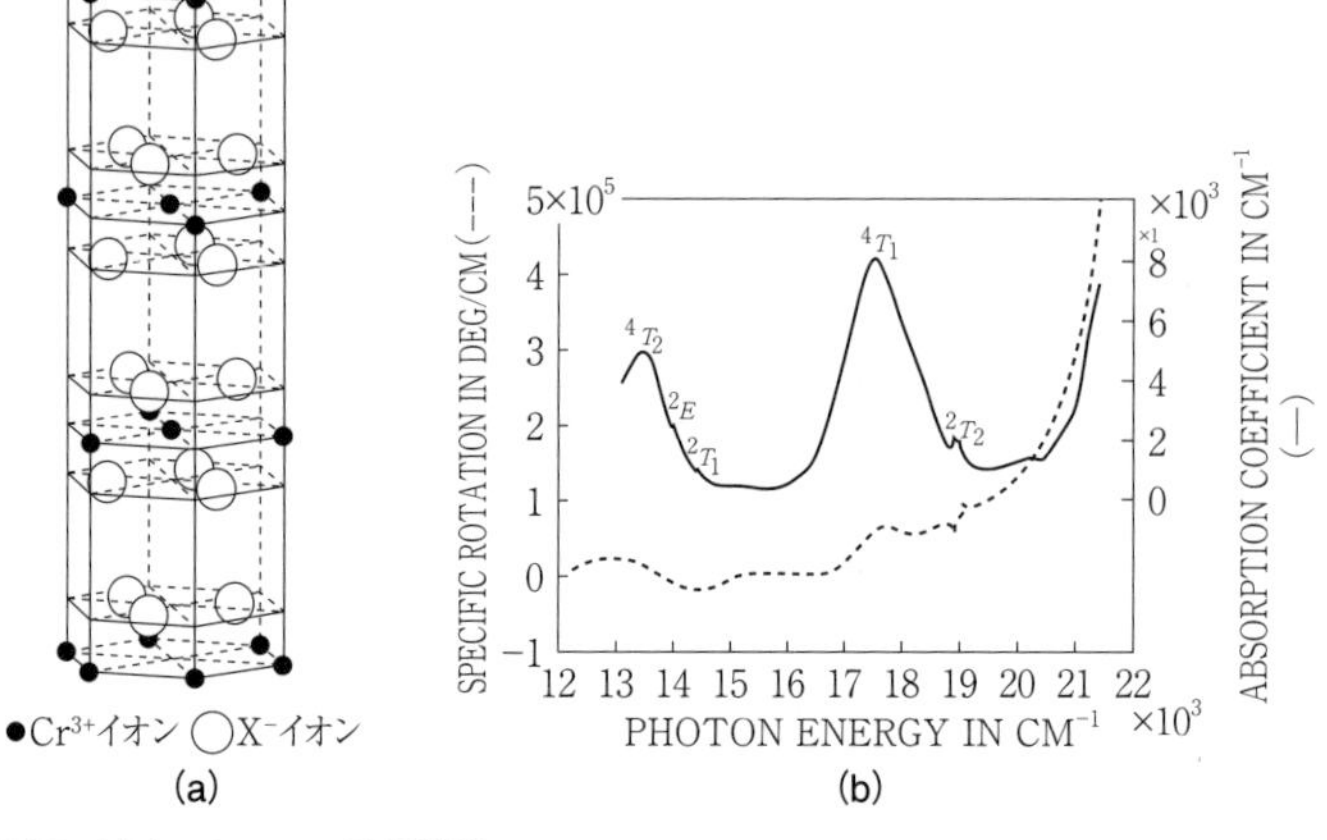

図 2.10 (a)　$CrBr_3$ の結晶構造
黒丸がクローム3価イオン，白丸が Br^- イオン．

図 2.10 (b)　$CrBr_3$ の光吸収スペクトルとファラデー回転の実験結果（ディロン氏の測定）．実線は，1.5 K で測定した強磁性状態の $CrBr_3$ の吸収スペクトル．右側の縦軸は，その吸収係数の値を示す．横軸が，波数の単位で表した光のエネルギー．点線は，強磁性磁化の方向に進む直線偏光の回転角 θ を光のエネルギーの関数として測定した結果．左側の縦軸が回転角を示す．

性体 $CrBr_3$ を選ぶことにします。これを図2・10(d)のように、透明な磁石と呼びましょう。この場合、図2・10(c)の磁場 H は、括弧内に示す自発磁化 M となります。

ここで、直線偏光が自発磁化 M の方向に沿って進むとき、偏光面が非常に大きく回転する現象を、ディロンさんは $CrBr_3$ で発見したのです。この現象を、常磁性体のファラデー効果と区別して、光磁気効果と呼ぶことにします。特に、強磁性状態の低温では、光磁気回転は外部磁場に依存しないのに対し、ファラデー効果は磁場に比例します。この点で、両者の特徴は本質的に異なるのです。また、ファラデー効果および光磁気効果における偏光面の回転の向きは、光の進行方向には無関係です。したがって、磁場および磁化の向きで決まるので、磁性体中を光が往復することによって、偏光面の回転角は二倍になります。この特徴によって、ファラデー効果および光磁気効果の現象は、後に述べるように、光アイソレーターに応用されることになったのです。

第二次世界大戦の頃、通信技術が格段に進歩しました。それまでの通信は、銅線によって作られた同軸ケーブルによる有線方式でしたが、マイクロ波を利用したレーダーシステム（電波探知機）の開発と関連して、マイクロ波（1から100ギガ（10の9乗）ヘルツの電磁波）による無線通信が盛んになったのです。そして、マイクロ波を伝達するのには金属の導波管を用いるのですが、ノイズの原因となる反射波を防ぐために、アイソレーターと呼ぶ物質を回路に導入したのでした。

我々は、将来の通信は、マイクロ波ではなく、振動数がマイクロ波より高い可視光領域（4〜8×100テラヘルツ（テラ＝10の12乗））のレーザー光による光通信になると考えました。そこで、レーザー光を伝送する材料として、導波管の代わりに現在の「石英ガラスを用いた光ファイバーのような物質」が開発されると想定して、光ファイバーの中の反射波を防ぐ物質探索の候補に、透明

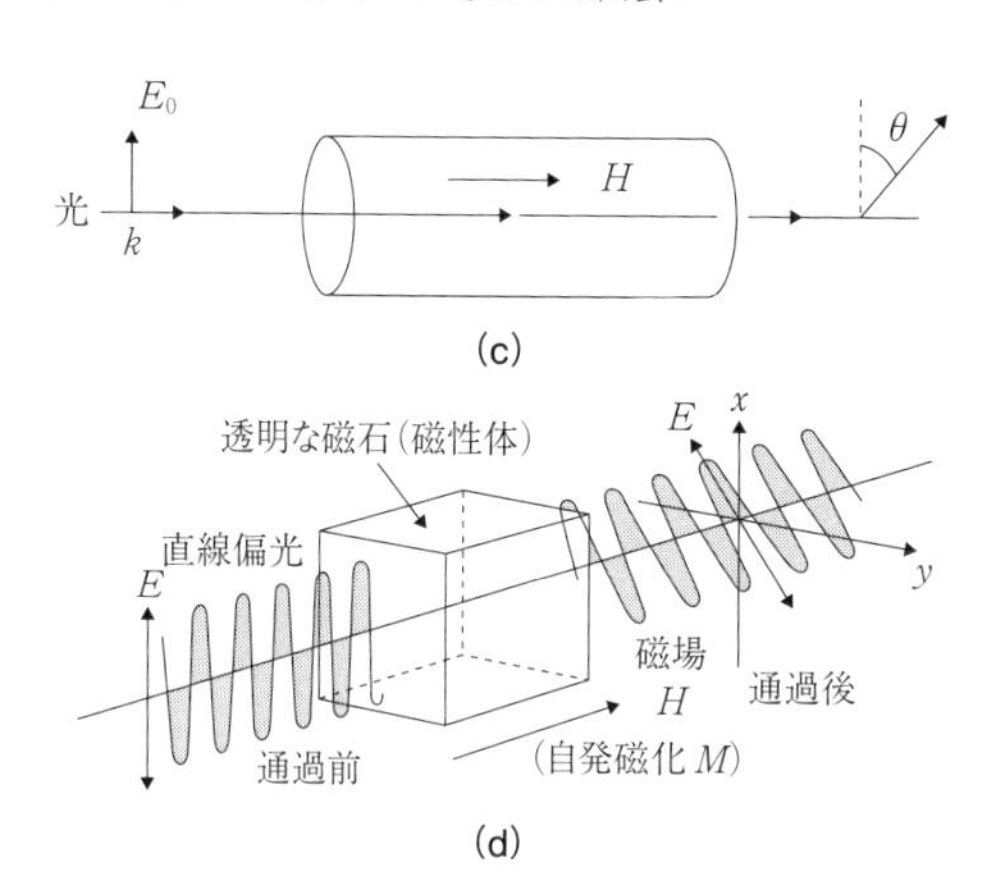

図 2.10(c)　透明物質のファラデー効果.

図 2.10(d)　透明な強磁性体 $CrBr_3$ におけるファラデー効果，光磁気効果.

な強磁性体 $CrBr_3$ を候補として研究を始めたのです。

ちょうどその頃、ベル研では、ビル・ベーカー（William Oliver Baker）研究担当副社長を中心に、トップの研究者たちが、「これからは、レーザーが主な通信手段となる光通信の時代が到来するだろう。その時代を予想して、今から光通信時代の基礎研究を始めるべき」と議論しているという噂を耳にしたのです。光通信時代の到来を予想して、未知の分野をベル研が先頭に立って切り拓いていこうとする、この方針は、素晴らしい未来志向の精神だと感激したのでした。トランジスタの発明によって、エレクトロニクスの新時代を築きあげたベル研の意気込みが光通信の時代に引き継がれているのだと思いました。

光通信の時代が間もなくやってくる、その先駆けとして、光アイソレーターの物質探索という未知の物質科学の研究を始めるのだと思った途端、私の好奇心に火が付きました。ただちに、図2・10(b)の実験結果を解明する理論の構築に取り掛かったのです。

光アイソレーターとは

ここで、磁気回転の現象を応用した光アイソレーターの原理を図2・11で簡単に説明しておきます。現在の光ファイバー通信では、光源は固体レーザーではなく、半導体レーザーです。半導体レーザーから出た光は、光ファイバーの中を次の中継器の半導体レーザーまで進みます。問題は、この中継器からの反射波が出て、ノイズが発生することです。この反射波を防ぐために、磁気回転の機能をもつ素子を光ファイバーに導入するのです。これが光アイソレーターです。

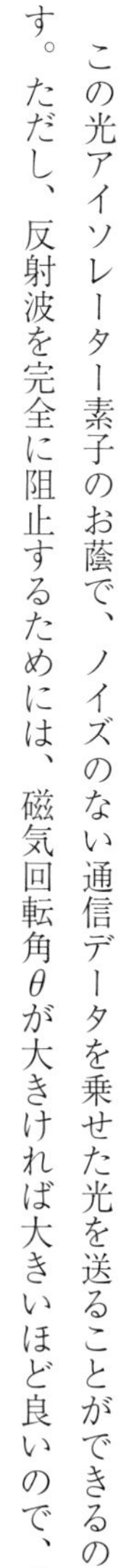

この光アイソレーター素子のお蔭で、ノイズのない通信データを乗せた光を送ることができるのです。ただし、反射波を完全に阻止するためには、磁気回転角θが大きければ大きいほど良いので、磁気回転角θの大きい透明な強磁性体あるいはフェリ磁性体を探す必要があるのです。そして、ディロン、上村、レメイカのグループが、そのような物質として、$CrBr_3$を見つけたのでした。

以上が透明な強磁性体を応用した光アイソレーターの原理ですが、これから、$CrBr_3$がどうして大きな磁気回転を示すかのミクロな原因について、説明することにします。

$CrBr_3$がなぜ大きな磁気回転を示すのか、その起源の解明

図2・10bの光吸収スペクトルは、フォトン・エネルギー19000 cm^{-1}以下の領域で、二つの大きなピークを示し

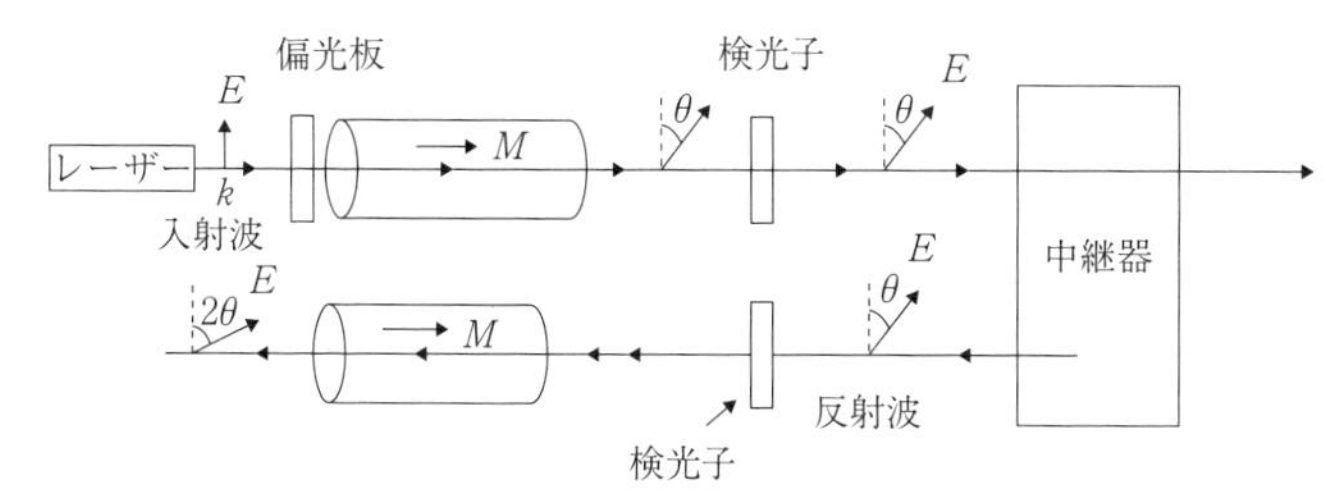

図 2.11　光アイソレーターの原理

ここでは，図 2.10（d）の透明な磁性体を，図 2.11 のように，円筒で表す．E の直線偏光の光だけを通す偏光板を円筒の磁性体の前に置くことにする．この光は，図の上側の円筒を通った後に，磁気光学効果によって，角度θだけ回転し，そのまま検光子を通って中継器の半導体レーザーに到達する．そして，大部分の光は，半導体レーザーによって，さらに先に進む．しかし，一部は反射され，光ファイバーの中に戻る．この図の下側に，反射波が通るときの磁気回転素子の中の光の道を，同じ円筒を描いて示す．E の直線偏光面は，既に角度θだけ回転しているから，反射波は，そのまま検光子を通過して，再び磁気回転素子に入る．既に説明したように，磁気回転は光の進行方向には依存しないので，反射波は，磁気回転素子を通るときに，偏光面がさらに角度θだけ回転し，結局，出発した時点から見ると，偏光面は角度2θだけ回転して，偏光板に到達したことになる．偏光板は，偏光角度ゼロの直線偏光しか通さないので，反射波は，透明な磁性体を置くことによって，阻止されたことになる．

ます。その強度から、同じスピン多重度（$S=3/2$）間のスピン許容遷移として説明できました（cm^{-1}は、波数の単位。一電子ボルト（eV）が8065 cm^{-1}）。このピークの肩に見える^2E、$^2T_1$の強度の弱い小さなピークは、ルビーの赤色発光と同じメカニズムで、スピン禁止遷移の多重項間遷移$^4A_2 \rightarrow {}^2E$、および$^4A_2 \rightarrow {}^2T$に対応します。他方、フォトン・エネルギー19000 cm^{-1}（＝2.356 eV）の吸収端以上のエネルギー領域（青から紫色）での大きなファラデー回転を示す強い吸収領域は、これまで配位子場理論で考えてきた緑から赤色の領域における光学遷移とは異なる強度の強い遷移で、その起源を、以下に述べるように明らかにしました。

まず、$CrBr_3$の結晶構造を眺めてみると、第1章図1・1の［MX_6］八面体が、やや変形して三回対称に近くなったユニットとして構成されていることに気が付きます（ここで、MはCrの三価イオン、XはBrマイナス・イオンです）。この三回対称に変形した八面体全体を一つの分子と考えて、まず、この分子全体に広がった軌道の状態を計算しました。このような軌道を分子軌道といいます。そして、図2・10(b)の光吸収スペクトルが、分子軌道のどのような状態間の光学遷移に対応するかを計算しました。図2・12は、その計算結果です。

図2・12で、三重に縮退したt^*_{2g}反結合分子軌道は、三個のd電子によって半分まで占有され、それ以下のエネルギーのt^n_{1g}（π）をはじめとするすべての分子軌道は、電子で完全に占有されていますので、光が$CrBr_3$に入射したとき、これらの占有された状態から光学遷移が起こります。そのなかで、吸収が強い遷移というのは、電気双極子遷移が許容であることを意味するので、パリティが異なる分子軌道間で、電子の詰まった状態から空いた状態への遷移が起こることになります。第一原理計算の

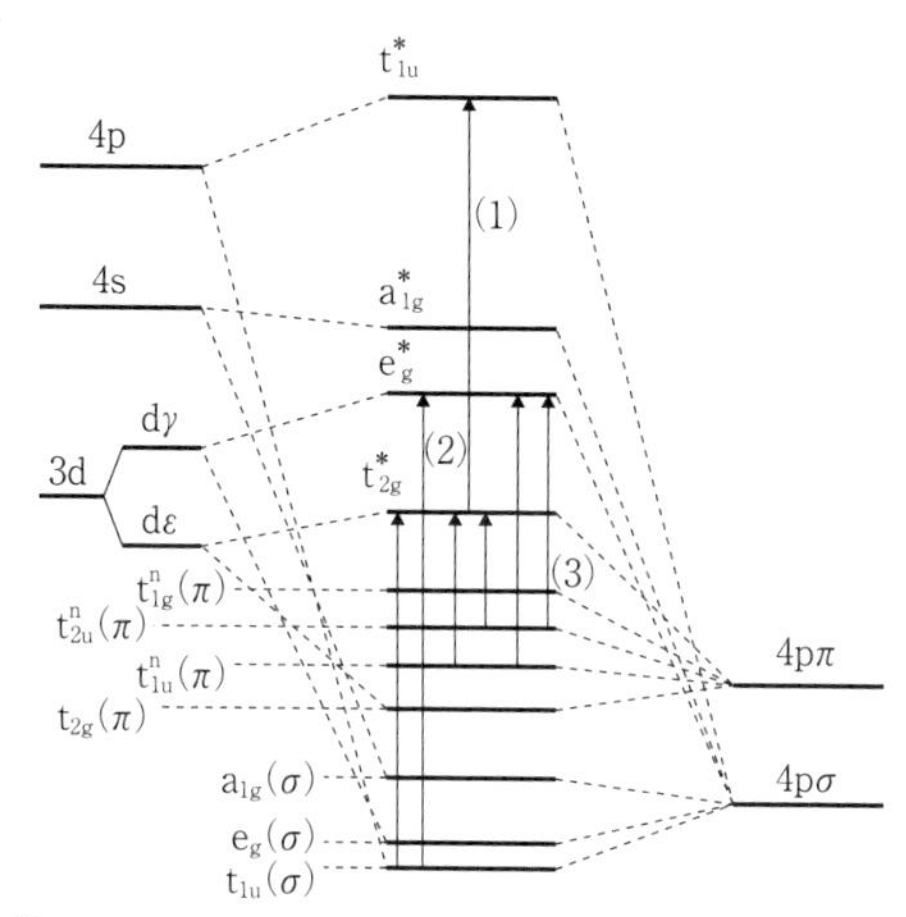

図 2.12 $CrBr_3$のエネルギーダイアグラム（真ん中の欄）

$CrBr_6$の変形した八面体分子における分子軌道状態を示す．図の左欄は，Cr^{3+}イオンのd電子の軌道状態，右欄は，6個の配位子Br^-イオンのp電子の1次結合で作られたBrのp軌道からなる分子軌道．右欄のpσは，結晶構造のc軸に垂直な層内で，層に平行に向いているp軌道，pπは垂直に向いているp軌道を意味する．八面体の中心のCrのd軌道と周りの6個のp軌道が重なり合って混じりあい，中央に示す結合および反結合（∗印）分子軌道ができる．

分子軌道の記号t_1やt_2は，図2.1のT_2同様，軌道縮退が三重，eはE同様，軌道縮退が二重，a_1は一重を意味する．また，軌道の対称性を示すn，gの添え字は，ポテンシャルの空間反転対称性に起因する分子軌道の偶奇性を示し，空間反転に対して，波動関数が符号を変えない場合を偶パリティ，変える場合を奇パリティという．また，tの右肩にnが付いた軌道は，左欄のクロムイオンのd軌道と点線で結ばれていないことからわかるように，6個のBr^-イオンのp軌道だけから作られた分子軌道．nは，クロムイオンの軌道と非結合（non-bonding）を意味する．

エネルギーの低い結合分子軌道$t_{1u}(\sigma)$，$e_g(\sigma)$，$a_{1g}(\sigma)$はBr^-イオンのp軌道の性格が強く，中間のエネルギーの∗印の付いた反結合分子軌道t^*_{2g}とe^*_gは，Crのd軌道の性格が強い．基底状態では，ルビーのCrイオン同様，3個のd電子が三重に軌道縮退したt^*_{2g}軌道をそれぞれスピンを平行にして占有し（$S=3/2$），ルビー同様，多重項$^4A_2$を形成して，$CrBr_3$が強磁性を示す起源になったのである．

結果、図2・12で、(1)、(2)、(3)の光学遷移がそれらに相当します。その中でも、Br^-イオンのp軌道のみからなる非結合分子軌道t^n_{2u}（π）から、中心のクローム・イオンのd軌道からなる分子軌道への電荷移動遷移(3)が、吸収端より高エネルギー側で一番エネルギーが低いスペクトルに対応することを第一原理計算で明らかにしました。この物質での電荷移動遷移の発見は我々が初めてでした。

それでは、(3)の電荷移動遷移が、どうして大きなファラデー回転を引き起こすかを図2・13(a)を用いて説明します。この遷移では、電子が$CrBr_6$八面体中の配位子Br^-イオンから中心のCrイオンに移動しますが、まず、(3)の遷移の始状態である非結合分子軌道t^n_{2u}（π）に注目しましょう。非結合分子軌道t^n_{2u}（π）は、xy面内、yz面内およびxz面内、それぞれの面内の四つのBr^-イオンのp_σ軌道の一次結合で表され、したがって三重に軌道縮退しています。図2・13(a)に、そのうちの一つ、xy面内の成分を示します。

こうして、非結合分子軌道t^n_{2u}（π）は三重に縮退していることから、励起状態のホールは、軌道角運動量$\boldsymbol{L}$（$L=1$）の状態T_2を形成することが明らかになりました。(3)の遷移はスピン許容遷移ですから、スピンの多重度は基底状態と同じく4、すなわち$S=3/2$です、そこで、この励起状態の多重項は、${}^4T_2$となります。

この軌道角運動量$\boldsymbol{L}$と、ホールのもつスピン$\boldsymbol{S}$との間にはスピン軌道相互作用$\lambda\boldsymbol{L}\cdot\boldsymbol{S}$と呼ばれる相互作用が存在します。その結果、三重に軌道縮退していたT_2状態は、スピン状態と混じり合った状態に分裂します。この量子状態を指定する量子数は、軌道ならびにスピン角運動量を合成した全角運動量、$J=L+S$、の量子数Jによって指定されます。光学遷移(3)で到達した励起状態では、$L=1$、

57 $CrBr_3$がなぜ大きな磁気回転を示すのか、その起源の解明

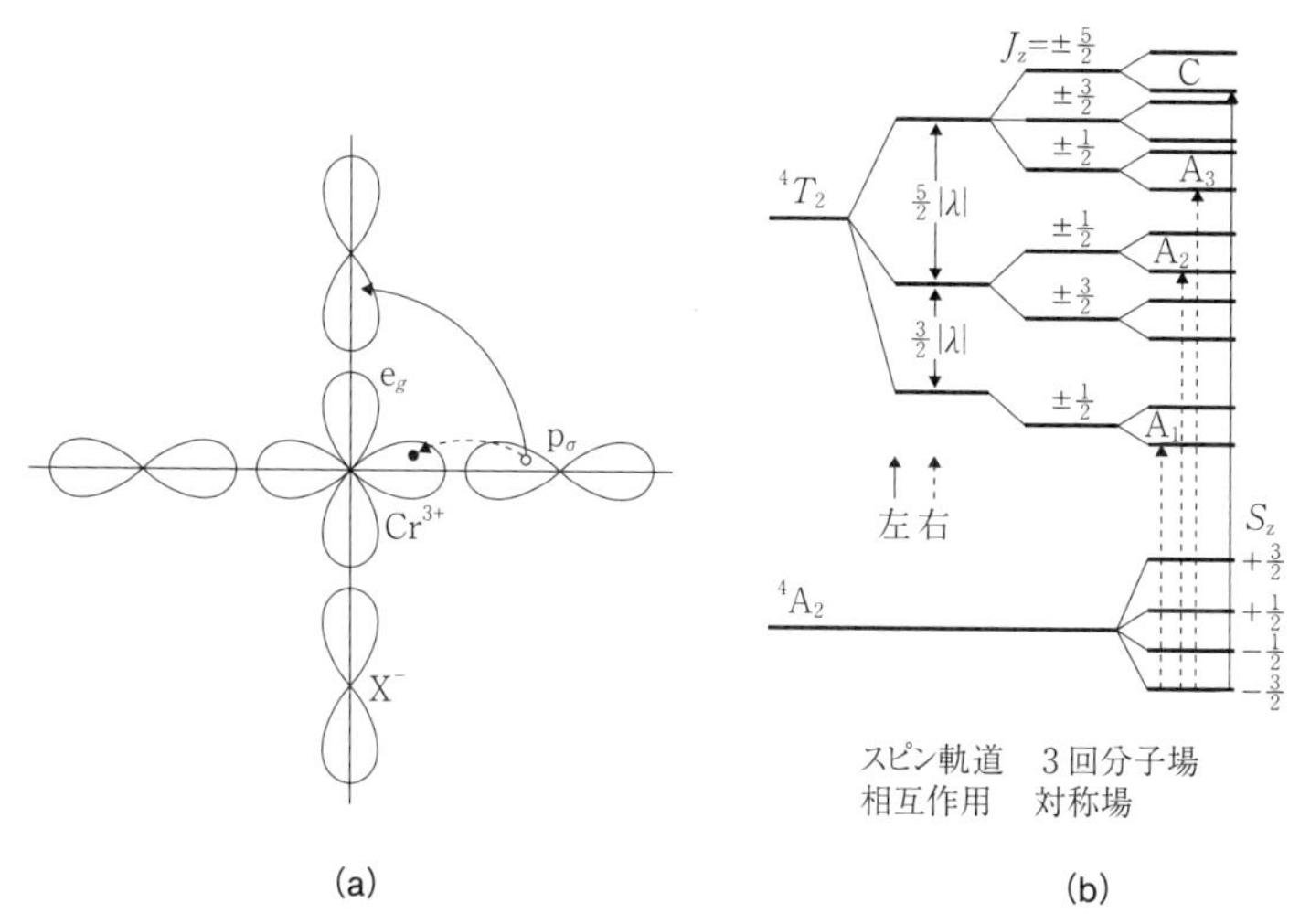

図 2.13 (a) xy 面内での4つのBr^-イオン（X^-）のp_σ軌道からなる$t^n_{2u}(\pi)$と，中心のCrイオンのdのe_g軌道．次に，点線は，電荷移動光学遷移により，Br^-イオンのp_σ軌道から，電子が中心のCrイオンのdのe_g軌道に遷移．○印は，その結果，p_σ軌道に生じたホールを示す．実線は，xy面内の4つのBr^-イオンは同格なので，p_σ軌道にできたホールが，飛び移り相互作用で4つのBr^-イオンのp_σ軌道間を飛び回り，中心のCrイオンの周りに円軌道を描くことになる．

図 2.13 (b) 励起状態の多重項$^4T_2$が，スピン軌道相互作用，3回対称場，および分子場でJ=5/2, 3/2, 1/2に分裂する様子，ならびに，基底状態$^4A_2$の四重に縮退したスピン状態が強磁性の分子場で4つに分裂し，その中で，4.2 Kで電子が占有する最低エネルギー状態$S_z=-3/2$から，左右の円偏光で分裂した励起状態へ遷移する選択則を示す．エネルギーの高い$J_z=(L_z+S_z)=\pm 5/2,\ \pm 3/2,\ \pm 1/2$の状態のうちで，左周りの円偏光（$L_z=-1$）では，$J_z=-5/2$の状態（C），また右回りの円偏光（$L_z=+1$）では，$J_z=-1/2$（3つの状態があるので，エネルギーの低い方から$A_1$, A_2, A_3と呼ぶ）の光学遷移が現れる．CとA_1, A_2, A_3のエネルギー差は，Br^-イオンのスピン軌道相互作用定数λに比例する．

$S=3/2$ですから、Jの値は、$J=5/2, 3/2, 1/2$の三つとなり、その結果、三重に軌道縮退した状態は、図2・13(b)のように、三つの状態に分裂します。λは励起状態のスピン軌道相互作用定数で、分裂した状態のエネルギー間隔は、λに比例します。

図2・13(b)のように、強磁性状態では、右回りと左回りの円偏光を強磁性$CrBr_3$の磁気モーメントに沿って入射すると、左右の円偏光で到達する励起状態が異なるので、両者の位相速度が異なり、それらを合成した直線偏光の偏光面が回転することになります。その偏光面の回転角は、励起状態の配位子（ここではBr^-イオン）のスピン軌道相互作用の大きさで決まることを明らかにしたのです。私のこの理論によって、ディロンさんの実験で提起され、ベル研の基礎研究部門で大騒ぎになった、「なぜ、透明な強磁性体$CrBr_3$で磁気回転が大きいのか」の疑問は、「配位子の臭素のスピン軌道相互作用による」ことが明らかになり、決着したのです。我々の共著論文は、*Physical Review Letters* に投稿することで、ベル研所内一五人のレフェリー全員が同意し、同九巻、一六一——一六四ページに掲載されました。私の最初のＰＲＬ論文です。

ディロンさんは、「磁気回転角の大きさが、電荷移動遷移の終状態である励起状態のスピン軌道相互作用の大きさに依存する」という私の予言が正しいかどうかを検証するために、物質作りのレメイカさんに、臭素のBrを塩素Clとヨウ素Ｉに置き換えた$CrCl_3$とCrI_3を作らせて光磁気回転の大きさを測りました。そして、それらの大小関係が、私の理論で予言したとおりの値となり、私の理論の実験的証拠が得られたのです。新しい理論結果が出ると、すぐに試料を作らせて検証するスピードの速さ、理論、実験、物質作成が三位一体となったベル研の研究の実力の凄さを肌で感じました。さらにディロンさんは、強磁性共鳴の振動数でファラデー回転を変調することにも成功したのです。

透明な磁性体を作成し、磁気光学効果の実験で、大きなファラデー回転の現象を見つけたこと、電荷移動遷移における励起状態のスピン軌道相互作用が透明な強磁性体の磁気回転効果の起源であることを明らかにしたこと、さらに、強磁性共鳴の振動数で光磁気回転を変調することに成功したことは、ベル研所内および米国物理学会で高く評価され、私とディロンさんはいくつかの会議で招待講演に選ばれました。

まず、一九六二年一一月にピッツバーグで開催された「磁性と磁性材料に関する会議」（Conference on Magnetism and Magnetic Materials）において招待講演に選ばれ、その会議のプロシーディングズ（*Journal of Applied Physics*, 34(4)）の表紙に、強磁性共鳴の振動数で変調されたファラデー回転の測定結果が掲載されました。

ベル研所内でも、ディロンさんの実験と私の理論がベル研の顕著な成果の一つと認められ、ベル研講堂でのプレナリー講演に選ばれたのです。一九六三年一月一一日にディロンさんと二人で講演をしました。二人にとって大変栄誉ある日となり、また、私の理論をベル研の基礎部門のトップが認めて、それから大変忙しくなったのでした。

一九六三年の夏（八月一一―一六日）には、バーモント州で開催されたゴードン会議（Physics and Chemistry of Solids (Magnetism)）にも招待され、ディロンさんが講演をし、私が理論の質問に答えるということになったのです。バーモントでは、大変有意義な一週間を過ごしました。

余談ですが、ゴードン会議は、午後は完全にフリーです。ある日の午後、二人乗りのカヌーで二マイルほど川下りをするゲームに挑戦しました。私の相棒は、ベル研で超伝導理論のワーサーマー（N. R. Werthamer）博士でした。渦の巻いた激流の中を下るときに、彼と私のパドルのフェーズが合わなくなり、ボートがくるくる回って前に進むことができず、とうとう途中で時間切れになりました。レスキュー・トラックにボートごと救助されて、ゴール地点まで運ばれるという残念な結果となったのです。一緒にスタートしたド・ジャンヌ（Pierre de Gennes）博士夫妻は、さすがに新婚夫婦だけにリズムがあったようで、三時間程度で見事にゴールインしたことを、ド・ジャンヌさんが私に得意げに話しました。その夜のバンケットでは、この話で盛り上がり、私は小さくなっていました。

こうして強磁性体、フェリ磁性体の光磁気光学効果で、次から次へと新しい現象を見つけ、さらにその現象の起源を解明する理論の構築に夢中になりました。ディロンさんと私は所属する部はまったく別でしたが、ディロンさんと自由に共同研究ができたことは幸せでした。

日本でも、この特色ある物質の物性の素晴らしさにようやく気が付いたようで、一九六四年一〇月に名古屋大学豊田講堂で開催された日本物理学会特別講演・物性理論の部で、「透明な強磁性絶縁体の磁気光効果」について、帰国後初めて招待講演をしました。

ベル研で学んだこと

一九六〇年前後に、二〇年後に光通信をはじめとする光科学技術時代の到来を予想して新しい道を切り開いたベル研上層部の考え方から多くのことを学びました。*Physical Review Letters* や *Physical Review* のように、現在、世界で名声の高い学術誌は、自分たちの研究で育てていくのだというパイオニア精神、また、他人の模倣をするな、ハミルトニアンは自分で構築して、それを世界に広めよ、研究は真剣勝負で、ベル研が世界で常にトップでなければならないなどのエリート意識を、研究生活を通して徹底的に叩き込まれたように思います。ベル研での研究成果を、*Physical Review* のような学術誌に投稿する場合には、研究所内で一五人の内部レフェリー（うち半数は管理職）のＯＫが必要で、当時は非常に優れたものでないと投稿できませんでした。それが、ベル研の論文の質を高めていったように思います。二〇世紀が終わる頃に、この良き伝統が崩れ、ベル研基礎部が崩壊してしまったことを残念に思っています。

私はＭＴＳとして二年八か月の在職中に五編、日本に帰国してからもベル研の共同研究者と共著の論文を二編、*Physical Review Letters* や *Physical Review* などに発表しました。一九六四年四月に帰国して東大理学部助手に復職し、その翌年三月、理学部講師に昇任して、東大物理学科で講義を行った際、配位子場理論、化学物理、磁気光学効果など、それまで物理学科で行われていなかった新しいテーマについて講義をしました。また、光通信を行う際に、アイソレーターとして優れた性能をもつ磁性物質の開発が重要と思い、ディロンさんと一緒に構築した、私の透明な磁性体の光物性に関する理論研究も続けました。

一九七九年に、ＮＨＫ放送科学基礎研究所の磁性グループの客員研究員に就任したとき、光ファイバーが実際に実用となり、光通信の時代が到来したのです。私が在職した頃のベル研での私の研究成果が生かされる日がやってくることになりました。ベル研の執行部が、この時代の到来を見通していたことに頭が下がりました。私の理論に基づいて、磁性グループに対して、優れた性能のアイソレーターの材料開発についてアドバイスをしました。一九八〇年代に光ファイバーが開発されると、アイソレーターの物質開発に関する予言が役に立って、NHK放送科学基礎研究所の磁性グループの研究者が試行錯誤の上、優れた性能のアイソレーターを試作しました。その成果が役立って、企業が実際に製品を作り、日本とハワイ間に海底ケーブル（光ファイバー）を敷設した際、ノイズの少ない半導体レーザー光の伝送に成功したように聞いたのです。これらの放送技術への貢献で、一九九六年に、日本放送協会から第四七回放送文化賞を受賞したことは、望外の喜びでした。

ベル研半導体研究所部長バートンさんとの思い出

ベル研時代のボスであったジョー・バートンとは、忘れがたい思い出があります。バートンさんは、ベル研を定年退職した後、アメリカ物理学会の財務担当理事になりました。私が日本物理学会（JPS）の会長をしていた一九八四—五年のことです。

その頃、アメリカ物理学会（APS）会長は親友のミリー・ドレッセルハウス（Millie Dresselhaus）博士でした。当時、ドレッセルハウスAPS会長の申し入れで、日米物理学会の会員が相互に、相手学会の会員と同じ条件で学会発表ができるように相互協定を結びました。この協定によって、日本物理学会の学生会員は、当時の価格で六ドルという安い登録費で、アメリカ物理学会の会議で口頭発表ができるようになったのです。その結果、毎年三月のアメリカ物理学会・物性物理を主とした会議には、五〇〇名に達する日本物理学会の大学院生が講演発表をしたのです。また、ドレッセルハウスさんとの協定についての手紙のやりとりのなかで、バートンさんがアメリカ物理学会の財務担当常務理事のポストに就いていたことも知ったのです。

あるとき、バートンさんから突然国際電話があり、「韓国に出かけるが、その帰途、東京によるので会いたい」と言われたのです。残念ながら、彼が東京に立ち寄ることができなくなって、そのときは会うことができませんでした。実は当時、アメリカの友人が「バートンさんは脳のがんで手術をし、抗がん剤で落ち着いているが、難しい状況にある。私にどうしても会いたいと言っているので、ぜひ会う機会を作るように努力をしてほしい」と、言ってきました。

日米物理学会の協定締結を記念して、一九八六年四月にワシントンで開催された会議に、私は日本物理学会代表団を率いて参加しました。そのとき、バートンさんに会場で二十余年ぶりに会うことができました。バートンさんは、私が日本物理学会会長になったことを大変喜んで祝福してくれました。彼は、それから半年後に亡くなられたのでした。

ケネディ大統領暗殺事件

一九六三年一一月二二日（金）午後一二時をちょっと過ぎた時間に、金曜日の固体物理のゼミが終わって、仲間のMTSたちと部屋に戻ろうと秘書室の前を通ったとき、秘書たちが泣いているのを見て、びっくりしました。「何が起こったのですか」と尋ねますと、「秘書室のラジオで、先ほどテキサスのダラスで遊説中のケネディ（John F. Kennedy）大統領が、ライフル銃で撃たれたとの臨時ニュースがあり、目下、大統領の容態について確認中とのことで心配で居ても立ってもいられない」とのことだったのです。

私たちも、心配でその場を立ち去ることができず、臨時ニュースの続報を聴いていました。ニューヨーク時間の午後一時三〇分、我々の願いも空しく、ケネディ大統領は亡くなられました。私は日頃ケネディ大統領を尊敬し、大ファンでしたので、非常にショックを受けました。アメリカに滞在して二年三か月が経っていましたが、大変悲しい出来事で、その当時のことは今もって忘れることができません。ケネディ大統領の令嬢で、当時五歳のキャロライン・ケネディ（Caroline B. Kennedy）さんが、初の女性駐日アメリカ合衆国大使（第二九代）として二〇一三年一〇月から二〇一七年一月まで日本に滞在されたことを嬉しく思っています。

第3章　日本物理学の台頭——半導体テルル

上村研究室の誕生（東京大学）

二年八か月のベル研究所での研究生活を終え、私は一九六四（昭和三九）年四月に帰国、東京大学理学部物理学科に助手として復職しました。翌六五年三月に、理学部講師に昇任し、物理学教室に上村研究室が誕生したのです。

上村研初の院生は、小谷研で修士課程を修了した水橋誠二さんでした。水橋さんは上村研の後期博士課程に入学し、小谷正雄先生の指導で始めた生物物理の研究を続けたいとのことで、ヘモグロビンの電子状態の計算を博士論文のテーマとして研究し、理学博士号を授与されました。博士課程修了後、東大大型計算センター助手を経て、東京電気通信大学助教授になりました。

私は、ベル研での研究生活で、半導体、磁性、超伝導、固体レーザー、光通信など、物理の最先端の道を次から次へと切り拓いていくアメリカ物理学研究者のバイタリティの凄さを見ていたので、山登りに喩えれば、アメリカの研究者とは異なる新しい登山道を開拓しない限り、我が国の研究は二番煎じになると考えました。

上村研の院生たちには、登山道として上村研オリジナルの配位子場理論に加えて、新たに半導体分野で米国の半導体研究者が手を付けていなかった低次元半導体を開拓するように示唆しました。そこで低次元半導体として、層状半導体のガリウム・セレンや鎖型構造のテルルに注目し、これらの電子状態の計算を始めたのです。

東大物理学教室会議のメンバーとして

講師となって最初に担当した講義は、物理学科二年生に対する必修科目の「解析力学」でした。一九六五年一〇月から、週一回駒場キャンパスで講義をしました。ベル研時代には、大学で講義をしたことは一度もなく、どのように講義をすべきかを半年間かけて考えました。半年間の講義で、話すべき内容をリストアップしたシラバスを考え、それに則って作成した講義ノートに沿って講義をしました。東大の講義では、その後も「解析力学」以外は教科書を使わずに、自分で作成した講義ノートを教科書代わりに使いました。

さて、講師になって間もなくの一九六五年夏に、日本物理学会の事務局長が私のオフィスに突然来ました。一一月からスタートする伏見康治委員長（現在の会長）の特務委員会（現在の理事会）で、庶務担当特務委員（現在の庶務理事）に就任してほしいとの要請でした。「三五歳になったばかりの私に務まるはずがない」と固辞しました。しかし、当時日本物理学会事務局は、東大物理学教室の図書室（第１章図１・２の三階）の中に間借りしており、「物理学教室と雑務で絶えず連絡する必要があるので、教室会議メンバーが特務委員になることが慣例になっている」とのことで、引き受けざるをえませんでした。

特務委員になって驚いたことは、アメリカ物理学会事務局に比べて、日本物理学会事務局の貧弱なことでした。前期の久保亮五先生が委員長のときに、物理学会事務所を東大物理学教室から、港区芝公園の機械振興会館二階（東京タワーの前）に移転することを決められましたが、さすがに、久保先生は先見の明をもっておられました。そして、この年の一一月一日に引っ越しをし、一二日には移転記念パーティが開かれました。ようやく念願の事務所がもてたのです。

また一二月には、朝永振一郎先生が、シュヴィンガー（J. S. Schwinger）、ファインマン（R. P. Feynman）両博士と、「量子電磁力学分野での基礎的研究」で、ノーベル物理学賞を受賞されました。国内では、江崎玲於奈博士が、「エサキダイオードとその応用の研究」で学士院賞を受賞されました。

国際サマースクールと半導体物理学国際会議

この年はまた、久保亮五先生のリーダーシップの下に、戦後初めての国際サマースクール（Tokyo Summer Institute of Theoretical Physics、日本学術振興会主催、日本物理学会協賛）が、九月六日から一七日まで大磯のクリスチャン・アカデミー・ハウスで開催されました。このスクールは、物性と素粒子の二つの分野からなり、最初の週の物性のテーマは多体問題、次の週の素粒子のテーマは高エネルギー物理学でした。

国内外の研究者が一〇〇人程度集まり、全員が起居を共にして一週間滞在できる会議室付きの施設が必要でした。しかしこの当時、日本ではそのような施設はほとんどなかったため、大磯にあるクリスチャン・アカデミー・ハウスを見つけるまで会場探しは難航しました。ここは、すぐ近くに開業したばかりのロングビーチホテルがあり、七人の外国人講師は、相模湾を見渡せるホテルに泊まることができて、大喜びでした。この第一回の国際サマースクールは大成功に終わり、財政面で支援してくれるスポンサーも見つかったため、毎年テーマを変えて、サマースクールを続けることが決まりました。

第二回国際サマースクールは、大磯で一九六六年八月二九日から九月三日まで開かれ、物性物理の分野は、植村泰忠先生が校長、私が幹事で、「光物性のダイナミクス」のテーマで開催されました。この会議には、ベル研時代の友人がアメリカから大勢来て再会し、忙しいながらも、実に楽しく学問的にも実りのある半月を過ごすことができました。

続いて、九月八日から一三日まで、国際純粋応用物理連合（ＩＵＰＡＰ）後援による第八回半導体物理学国際会議（8th International Conference on Physics of Semiconductors：ＩＣＰＳ‐８）が、日本物理学会主催で京都で開催されました。ＩＣＰＳ‐８国際会議は、我が国で最初の半導体物理学の国際会議でした。米国や欧州の半導体研究者たちが会議を積極的に応援しようと、二一八人も参加したので、当時としては大規模で賑やかな会議となりました。日本人参加者は三一七人、発表論文数は一四七でした。

私も新しいサンドイッチ構造の半導体 GaSe のバンド構造について、植村研博士課程三年の中尾憲司さんと計算し、その結果を講演発表しました。

会議の晩さん会は、着席スタイルで話が弾み、大変楽しいムードでした。食後のデザートコースに入ると、会議事務局長の鳩山道夫博士が、突然「ケ・セラ・セラ」を歌われたのを受けて、スペイン出身のカルドナ（Manuel Cardona）博士がスペイン語で歌を歌い、大変に盛り上がりました。ＩＣＰＳ－８は、国際交流の面でも、画期的な役割を果たしたのでした。

ガーネット磁性体――ベル研との共同研究

一九六六年には、山口豪さん（現静岡大学名誉教授）が修士課程に入学しました。上村研最初の修士課程の院生で、配位子場理論に興味をもっていました。ベル研の友人で、ディロンさんと同じ光エレクトロニクス課（１１５５）のレオ・ジョンソン（L. F. Johnson）博士から、フェリ磁性を示すイットリウム鉄ガーネット中にドープしたホルミウム（Ho）イオンと鉄イオンの間のスピン相互作用が等方的なハイゼンベルグモデルでは説明できない実験結果を得たので、メカニズムを明らかにしてほしいとの要請がありました。

そこで、山口さんと一緒に、軌道角運動量を考慮した異方的なスピン相互作用を取り入れたハミルトニアンを新たに構築して、この物質の光スペクトルを計算し、ジョンソンさんと私ども理論グループの間で共同研究が始まりました。翌年七月に、アメリカに出張してベル研を訪ねました。そして、ジョンソンさんと膝を突き合わせて、当方の計算結果と彼らの実験結果を比較しながら討議を重ね、両者の結果が完全に一致することを見出し、スピン間の相互作用のメカニズムを明らかにすることができたのです。まさに「百聞は一見に如かず」の諺の通りでした。

上村研の研究は、その後も外国との共同研究が多くありましたが、山口さんが成功したことで敷居が低くなり、その後の院生たちも、外国からの研究者やポスドクとの共同研究を当たり前のように行

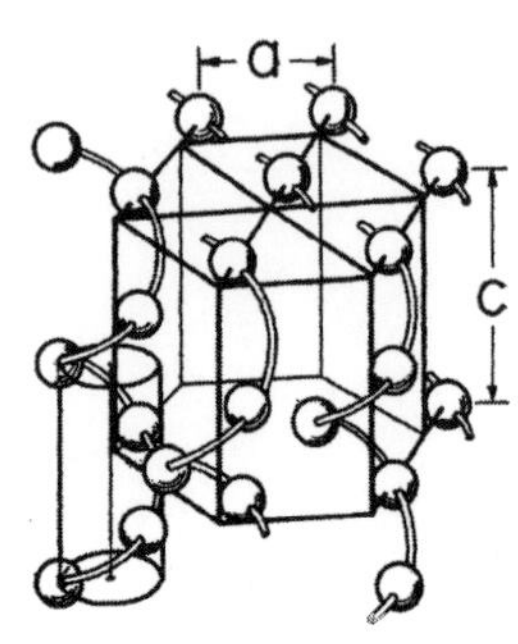

図 3.1　テルルの結晶構造.

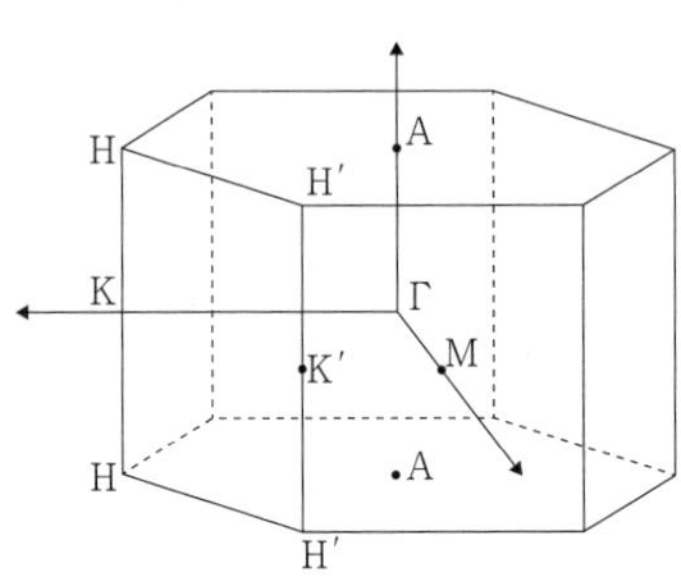

図 3.2　テルルのブリュアンゾーン.

い、楽しく研究を進めました。私と山口さんは、ベル研からのアドバイスもあり、この計算結果をベル研の実験結果の論文に続いてアメリカ物理学会の学術誌、*Physical Review B* に発表しました。

鎖構造半導体テルルの価電子バンド

この頃、半導体の分野では、シリコン、ゲルマニウムをはじめとして、II-VI 族および III-V 族半導体物質については、擬ポテンシャル法によるバンド計算、ならびに交流電場や一軸性応力などで変調した変調分光法を用いた新しい分光法などの実験・理論が、米国の理論・実験物理学研究者により、絨毯爆撃のように進められていました。この章の冒頭にも述べたように、我が国の研究者が同じテーマで研究しても、このような状況下では、オリジナルな研究成果は得られないと私は思っていたのです。

そこで、基礎研究としては、まだそれほど進捗していなかった低次元半導体物質の研究に目を付けました。我が国独自の登山道を開拓しようとしたのです。ちょうどその頃、鎖の構造をした半導体テルル（図3・1）の価電子バンド構造に、世界の半導体研究者の関心が集まりつつありました。当時パリ大学のユラン（M. Hulin）博士らは、スピン軌道相互作用を取り入れて、テルルのエネルギー・バンドを計算し、価電子バンドの頂上が六角柱のブリュアンゾーン（図3・2）の頂点（H点）近傍にあることを明らかにしました。

トランジスタを構成する半導体材料のシリコンの結晶は、ダイヤモンドと同じ構造をしていて、x軸、y軸、z軸方向に対して等方的です。他方テルルは、図3・1に見るように、z軸方向に沿って鎖構造をしているので、ダイヤモンドのx、y、z軸方向が同等の立方対称構造に比べて、対称性が低い。したがってこの物質を研究すれば、ダイヤモンド構造の半導体物質では観測できなかった新しい現象が見つかり、それを応用して新しいデバイスを作成できるような気がしたのです。テルルのような構造をもった物質を、ダイヤモンド構造の物質に対して、低次元物質と呼びます。

低次元物質の物理学は、一九六〇年代後半に、私たちも含めて日本人研究者たちが中心になって研究を推進し、世界で日本独自の登山道を開拓しました。特に、低次元の新物質を作成していけば、シリコンやゲルマニウムをもとにしたデバイスよりも、さらに一次元方向にだけ特色をもつ、異方的デバイスを作ることが可能なように思え、極微細のデバイスの開発を夢見て、好奇心が刺激されました。

エネルギー・バンドとは

さて、多くの読者は、エネルギー・バンドとは何のことかと思われるかもしれません。図3・1のテルルの結晶構造を見ると、鎖をある距離だけずらすと、重なるようになっています。このように、原子が空間的に規則的に配列した構造を、周期構造といいます。

わかりやすくするために、図3・3のように、水素原子がaの間隔で一次元方向にN個並んだ周期

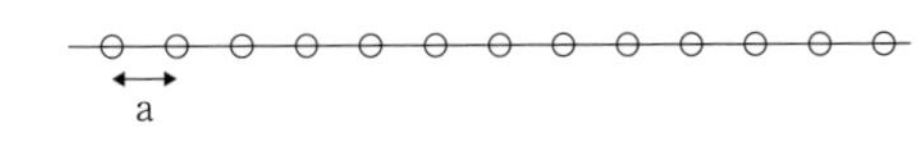

図 3.3　水素原子の1次元周期系.

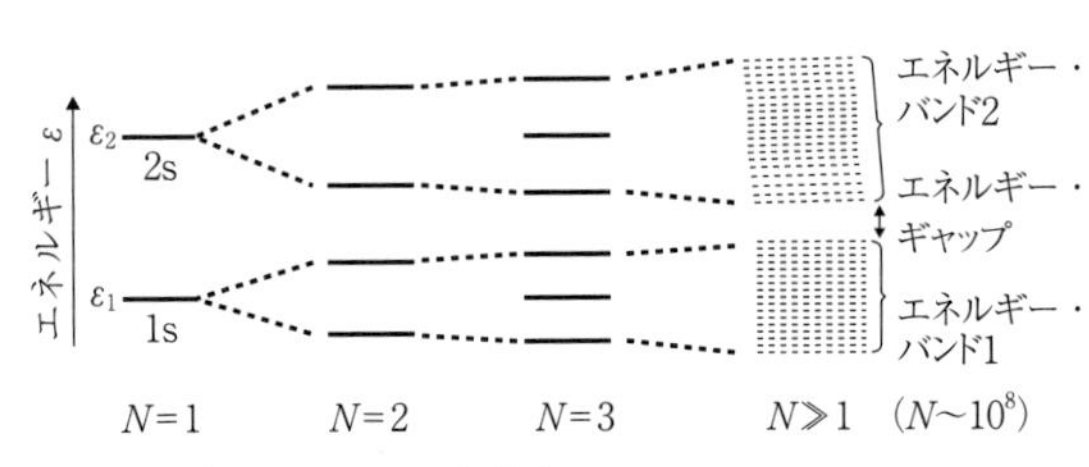

図 3.4　エネルギー・バンド構造.

系に注目します。水素原子の基底状態である1s状態の電子に注目すると、電子が隣の水素原子の1s状態に跳び移ることによって、N個に縮退していた1s状態が、図3・4のように分裂し、Nが非常に大きいと、たとえば10の8乗の場合、分裂した状態がほとんど連続的になって、図3・4右端のように帯状になります。この状態をエネルギー・バンド（以下単にバンドと呼ぶ）と呼びます。水素原子の励起状態2sも同じように分裂し、2sバンドが形成されます。1sバンドと2sバンドの間に状態の存在しないエネルギー領域ができますが、この領域をエネルギー・ギャップ（以下単にギャップと呼ぶ）と呼びます。

ある物質のバンド構造において、図3・5aのように、一つのバンドの途中のE_Fまで電子が満ちているときは、この物質は金属であり、また図3・5bのように、あるバンドまでは電子によって完全に占有されていて、エネルギー・ギャップE_gを超えたエネルギーの高いバンドが空の物質は、絶縁体です。この場合、電子によって占有されたバンドを価電子バンド、ギャップを超えた空のバンドを伝導バンドと呼びます。エネルギー・ギャップが小さくて、室温でも電子が価電子バンドから伝導バンドに熱的に励起されている物質は、半導体と呼ばれます。

この周期構造をもつ結晶の中を電子が動くと、バンドの中の電子のエネルギーεは、結晶の中の電子の運動量pの関数となります。この運動量pをプランク定数hで割った量kの大きさは、波長分の1の量に比例するので、波数ベクトルと呼びます。

結晶の電子状態では、電子のエネルギーεは、波数ベクトルkの関数として表せることをブロッホ（F. Bloch）博士が示したのです。周期境界条件を用いると、波数ベクトルは連続量と考えてよいので、電子のエネルギーは、kの連続関数となります。この関係をエネルギー分散と呼びます。結晶構造の特徴を反映したブリュアンゾーンの中心や端では、エネルギーεは不連続となってギャップが現れます。その結果、固体の中の電子のエネルギー状態は、バンドとギャップが存在するバンド構造を示すわけです。

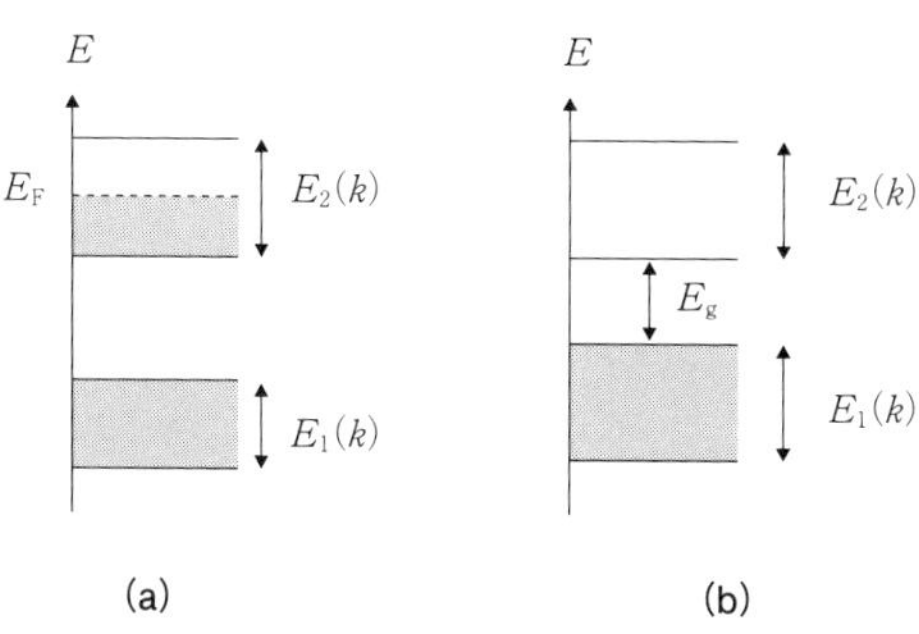

図 3.5　バンドを電子が占有する仕方による物質の分類（金属と絶縁体）.

テルルのバンド構造と価電子バンド頂上付近のホールキャリアのエネルギー状態

金属の電子状態では、電子のエネルギーεは、古典力学の粒子のエネルギーと運動量の関係に似て、波数ベクトルkの2乗に比例します（図3・6）。しかし、テルルの価電子バンドのエネルギー分散は、非常に異なっています。テルルの結晶は、作ったと

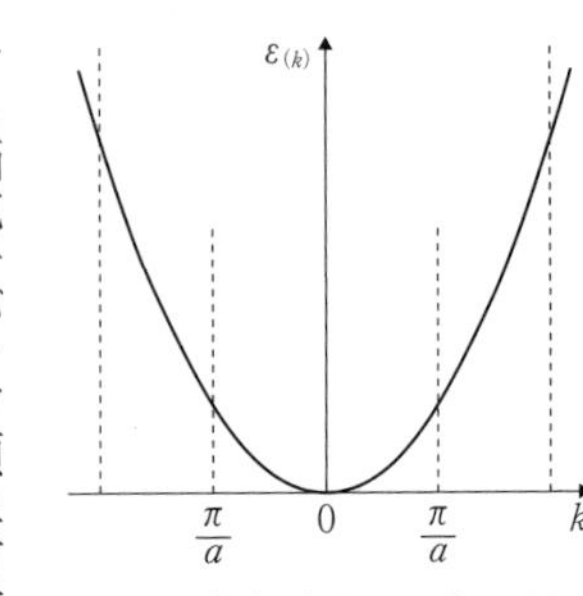

図 3.6　自由電子のエネルギーεと波数kとの関係（例：1次元系のエネルギー分散）.

きに既に価電子バンドに正電荷をもったキャリア（ホールと呼びます）が存在して、p型半導体になっているのです。

一九六七年に修士課程に入学した院生（M1）土井高夫さんの修士論文のテーマに、この価電子バンドのホールのエネルギー分散の計算を考えました。この年の七月には、私は助教授、中尾憲司博士（現筑波大学名誉教授）が初代の助手となりました。私は、土井さん、中尾さんと一緒に、p型半導体テルルのホールが存在する価電子バンド頂上付近のエネルギー・バンドの状態を調べることにしました。

ホールが低濃度の場合には、頂上付近の波数ベクトルについての詳細な関数形が重要になります。我々は、そのような場合に有効な摂動法である$k \cdot p$摂動法を用いて、頂上の現れるブリュアンゾーンの端の点（図3・7のH点）付近におけるバンドの関数形を、H点付近の電子の波数ベクトルkの関数として正確に導くことを試みたのです。

シリコンやゲルマニウムのダイヤモンド結晶構造のように、反転対称があれば、エネルギー・バンドは、図3・6に示したkの2乗の関数形になります。しかし、テルルの場合には、図3・1の結晶構造で見たように、反転対称がないため、Sk_zのように、波数ベクトルz成分の1次の項（以下k一次項と呼ぶ）が、2次の項とともに、関数形に現れることを示したのです。

低次元半導体ではないII-VI族およびIII-V族半導体でも、結晶構造に反転対称がないために価電子バンドにk1次項が現れることは知られていました。しかし、これらの半導体では、価電子バンドの頂上がブリュアンゾーンの中心の点$k=0$（Γ点と呼ぶ）に現れるため、k1次項は、$k\cdot p$摂動とスピン軌道相互作用の二次摂動の効果として現れることが示されていたのです。

これに対してテルルの場合には、価電子バンドの頂上がブリュアンゾーンの端のH点にあるため、H点とH'点が別々の状態になります（図3・2を見よ）。その結果、H点における二重に縮退した状態H_3の二つの成分状態間での$k\cdot p$摂動の行列要素は、有限の値となり、テルルの価電子バンドにおけるk1次項は、一次の$k\cdot p$摂動で現れることを群論を用いて証明したのでした。こうして、我々の計算により、k1次項の係数の値が極めて大きな値となることを示したのです。

以上の結果、半導体テルルの価電子バンド構造は、図3・7左側の図のように、H点で軌道的に二重に縮退していた価電子バンド状態H_3（k_zの2次関数）に、$\mp k_z$に比例したk1次項が加わって、H点でクロスする、二つの対称的な放物線の形状のバンドに分かれることを示したのです。この図に見るように、k1次項の1次摂動の効果は顕著で、この分裂の様子が観測可能であることを予言したのでした。

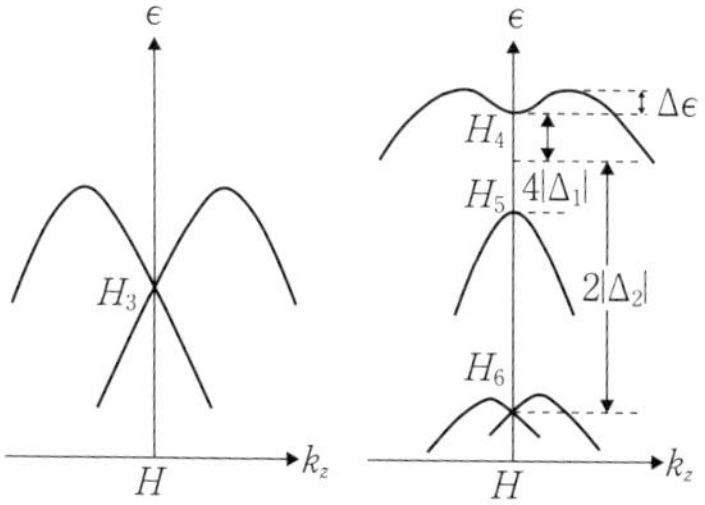

しかし、テルルの場合、スピン軌道相互作用が大きいために、現実には、H点の二重に縮退した状態H_3は、スピン軌道相互作用によって、図3・7右側の図のように、軌道縮退のない二つの状態H_4とH_5、ならびに二重に軌道縮退した状態H_6に分裂することがわかりました。そして、分裂した状

図 3.7　テルルの価電子バンド構造（H点付近）
左：スピン軌道相互作用を含まない場合，右：スピン軌道相互作用を含む場合で，スピン軌道相互作用による分裂の様子を示す．

態の中で、一番エネルギーの高い価電子バンドの状態H_4のエネルギー分散は、大きなk１次項Sk_zの効果で、H点から離れた二つのkの値で最大値をもつようになり、その結果、H点付近のエネルギー・バンドの形状は、「ラクダの背中」(double maxima)の形状となりました。群論を駆使した私たち(土井・中尾・上村)の理論によって、以上の特徴が定量的に明らかになったのでした。

さて、このようなバンド構造をもつp型テルルの結晶構造において、図３・１の鎖の方向(z方向、c軸とも呼ぶ)に垂直に強い磁場をかけたときに、エネルギー準位がどのように変化するかを、我々は、次のステップとして計算しました。一般に、一様な磁場の中に置かれた自由電子は、古典力学的には、磁場に垂直方向の面内では円運動(サイクロトロン運動)、磁場方向には等速直線運動をします。この円運動を量子力学的に扱うと、電子の運動エネルギーは量子化されて離散的な値を取り、その結果、図３・７に見た連続的なエネルギー曲線は、離散的なエネルギー準位に分裂するのです。この分裂した離散的エネルギー準位を発見者の名前を付けて、ランダウ準位といいます。

価電子バンドのランダウ準位の分裂

このランダウ準位を助手の中尾さんが中心になって計算をしました。図３・７右側に示された、一番エネルギーの高いバンドをみましょう。ラクダの背中の〝コブ〟の高さがk１次項の効果で非常に高くなることを我々が指摘したので、当時の固体物理の研究者は、この点に注目しました。まず、テルルの結晶構造で鎖の方向(z方向)に垂直に強い磁場をかけたときに、エネルギー準位がどのように分裂するかを明らかにしました。

直感的に、磁場が弱いときには、〝ラクダのコブ〟の中にランダウ準位ができ、二つのコブが同じ形をしていることから、二つのコブの中のランダウ準位は縮退していること、そして磁場の強さを強くしていくときに縮退した準位はトンネル効果で二つに分裂することを予想しました。一九六九年には、エコール・ノルマールのクデール（Y. Couder）博士が、p型テルルの試料について、サブミリ波領域でのサイクロトロン共鳴の実験を行い、ランダウ準位に関する前記の振舞いを実験的に初めて確かめました。

これより以前に、ロシア、ドイツ、フランスの研究チームは、p型テルルのホール濃度を変えてシュブニコフ・ハース振動効果の実験を行って、コブの存在をポテンシャル障壁として半古典的に扱い、図3・8のような実験結果（○印）を得て、以下のように注目すべき報告をしたのです。

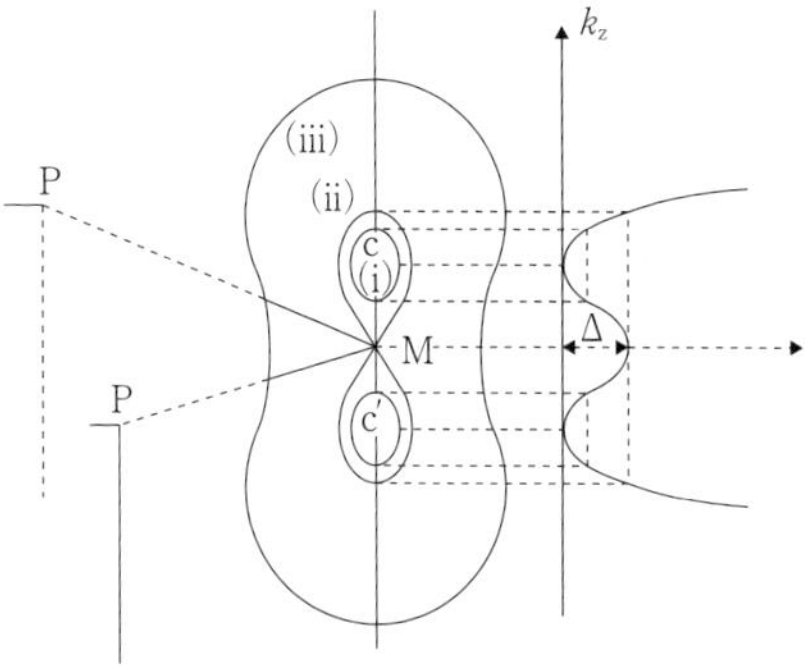

図 3.8　磁場 H が c 軸に垂直な場合に，テルル価電子バンドのランダウ準位に対応する軌道の等エネルギー面．図中の（i），（ii），（iii）の説明については，文中を見よ．

（i）ホール濃度が低濃度の場合は、フェルミ準位はそれぞれの〝ラクダのコブ〟の中にあって、フェルミ面は、コブの中に中心をもつ楕円体面に対応して二重に縮退している。磁場中のホールは、磁場に垂直なフェルミ面の断面に沿って動く(図の(i)に対応)。

（ii）ホールの濃度を増してフェルミ準位がバンドの鞍部点をよぎるときに、二つの楕円体は図中のM点で接するようになる（図の(ii)に対応）。

(iii) さらに濃度を増すと、磁場Hがc軸に垂直な場合には、二つの楕円体はトンネル効果で合体して、断面積の大きな一つの楕円体になる（図の(iii)に対応）。

これに対応して、ホールもトンネル効果で広がった軌道に沿って動くことになります。このように、キャリア濃度あるいは磁場の強さによって、フェルミ面が大きく変化し、したがって、等エネルギー面上を動くホールの軌道も大きく変化する現象を、磁気トンネル効果（Magnetic breakthrough）と呼んだのです。

p型テルルの価電子バンドにおけるランダウ準位──第一原理計算の結果

我々（中尾・土井・上村）は、磁場がc軸に垂直方向に印加されている場合にランダウ準位を計算し、図3・9に見るように、実験結果と定量的に一致する計算結果を得ました。すなわち、磁場の弱いときは、図3・7右側の図で、一番エネルギーの高い価電子バンドの状態H_4の二つの〝ラクダのコブ〟に起因するランダウ準位が現れ、したがって二重に縮退し、磁場を強くしていくと、この二重に縮退した各ランダウ準位が、二つに分裂する様子をはっきり見ることができます。その結果、図3・7の(i)から(ii)への定性的な移行を、第一原理計算で定量的に証明することができました。このようにして、我々は、現実の物質に対する磁気トンネル効果の現象を、理論計算で初めて正確に解けることを示したのです。

このように、k1次項が1次の摂動で現れたために、ラクダのコブの高さが大きくなり、数キロから数十キロ・エルステッドの磁場を印加することで、分裂の様子を実験で観測できたのでした。

我々にとってラッキーだったのは、我々の計算と同時に、当時、東大工学部田中昭二先生（東大名誉教授、国際超伝導技術研究センター（ＩＳＴＥＣ）初代所長）の研究室で、博士課程三年の吉崎亮造さん（現筑波大学名誉教授）が、ｐ型テルルでサイクロトロン共鳴の実験を行い、ランダウ準位の構造に関して、実に精細な実験結果を得ることに成功していたことでした。

サイクロトロン共鳴の遷移エネルギーの実験結果（図３・９の○印）を実線で示したランダウ準位間の遷移エネルギーの計算結果と比較したところ、両者の素晴らしい一致が得られました（図中には、その対応付けも記載してある）。またこの一致から、各実験結果がランダウ準位間のどの遷移に対応するかの対応も決めることができたことは、上村理論グループ（東大理学部）と田中実験グループ（東大工学部）の共同研究の大きな成果で、後々までも、グローバルな半導体コミュニティでの語り草となりました。

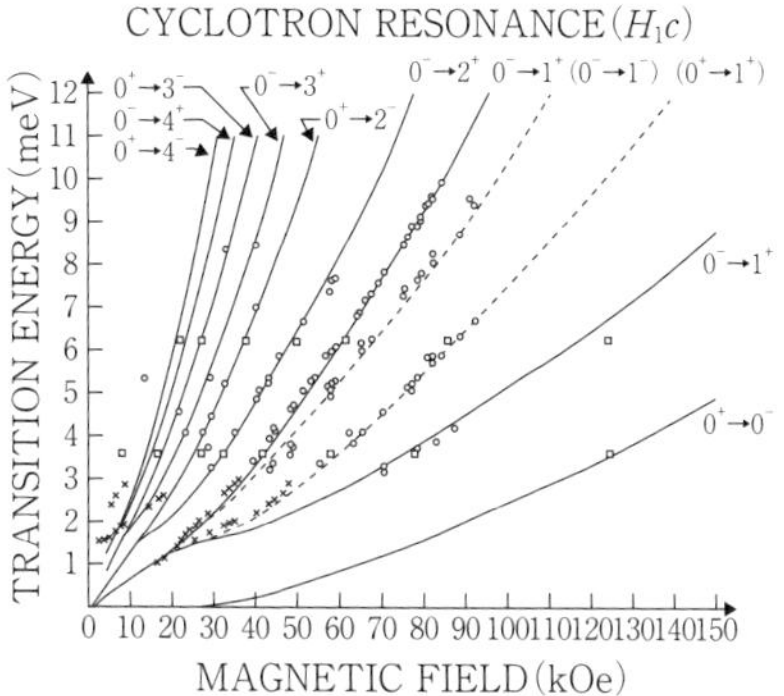

図 3.9　ランダウ準位間の遷移エネルギーの計算結果（実線と破線）とサイクロトロン共鳴の実験結果との比較．横軸は磁場の強さ．

東大紛争

私どものテルルの研究は一九六七年代に大いに進展しました。一方、東大では、一九六七年末から一九六八年初めにかけて、医学部自治会および医学部卒業生が所属する青年医師連合が、「登録医師制度」の導入に反対し、附属病院の研修内容の改善を求めて、無期限ストライキ突入を決議したのです。これに対し、大学側は「医局長を軟禁して制度改定反対の交渉をした」として、医学部の学生一七名の処分を一九六八年三月一七日に発表しました。しかし、その中に明らかにその場に居なかった学生が含まれていたとして、学生側は処分撤回を求めて、紛争状態になりました。

三月二八日には卒業式が予定されていたのですが、処分撤回を求める急進派学生たちは、その場を占拠して、卒業式を大河内一男東大総長に対する「大衆団交」に変えると騒ぎ出したのです。これに対して、大学当局は卒業式を断固実施する方針を堅持し、当日は卒業生ならびに父母を安田講堂に入場させました。そして、私たち若手教官には、急進派学生たちの講堂への侵入を防ぐために、壇上への扉を守るよう要請がありました。卒業式が始まり、大河内総長が式辞を読み始めると、彼らの扉を押す力が非常に強くなり、遂に扉は開けられてしまい、総長は式辞を中断せざるをえませんでした。

総長は壇上から会場内に降り、彼らとの団交が始まり、卒業式は中止となりました。私の生涯でも、大変衝撃的な事態でした。そのときは必死でしたので、途中経過はよく覚えていません。覚えているのは、心電計を腕につけた総長が、急進派学生たちと質疑応答のやり取りをし、ドクターストップで会が終わったことだけです。

安田講堂の外に出たときに、物理学科四年の卒業生が私のところへ来て、「お母様たちが赤門横の学士会館分室の一室を予約したので、昼食を摂りながら卒業式を続けてほしい」と言ってきました。その要望に従って物理学科の卒業式は、変則ながら場所を変えて行うことができました。

その後も事態は収束することなく、どんどん悪化していきました。七月二日には、急進的な学生によって、安田講堂の玄関にはバリケードが築かれて、講堂は占拠されてしまいました。さらに、「東大闘争全学共闘会議（全共闘）」と名乗る外部の大学生たちが、東大全学部を封鎖しようと、占拠された安田講堂をはじめ東大キャンパスに入り込み、それを阻止しようとする自治会系やノンポリの学生と対立して、事態は容易ならざる方向に進みつつありました。一一月一日には、大河内総長ならびに全学部長が辞任、加藤一郎法学部教授が総長代行に就任しました。加藤総長代行は、何とか事態を解決しようと努力しましたが、他大学の学生によって占拠された安田講堂を東大執行部の力だけで解決することは不可能な状態になっていました。

そして、一九六九年一月一八日、加藤総長代行は正式に機動隊による安田講堂などの封鎖解除を警視庁に要請、機動隊は一八日から一九日にかけて安田講堂などの封鎖解除を行い、全共闘派学生の大量検挙を行いました。警察側の記録では、封鎖解除で検挙した六〇〇人以上の学生のうち、東大生はわずか四〇人未満で、安田講堂の中がいかに無法地帯になっていたかがわかりました。政府の要請により、この年の東京大学の入学試験は中止となりました。

安田講堂を占拠していた外部の学生は一掃され、学内は東大の学生だけになりましたが、紛争の原因となった諸問題を解決し、正常な状態に戻るには、なお時間が必要でした。私は、学生担当理学部幹事会メンバーでしたので、学生委員と相談しながら、学生自治会とノンポリ系学生グループの二つの学生集団と話し合いをし、学部長出席の下での討論集会を何度か開いて、理学部正常化に向けた努力をしました。理学部の授業が再開できたのは、その年の六月になってからのことでした。

大河内総長の後任の総長選挙が、三月二三日に行われ、加藤総長代行が第一回投票で過半数の票を得て、四月一日に第一九代総長に就任しました。加藤総長は、就任演説で、東大紛争の原因となった問題を踏まえ、東大の再建と改革のための具体的な方策を新たな執行部で検討して、改めて表明をする旨、述べられました。一年半にわたる紛争で、社会と国民に対しても迷惑をかけた問題を解決しようとする総長の並々ならぬ決意に対して、教授会構成員として、微力ながらお手伝いしなければと思いました。

一九七一年九月に、加藤総長は、東大改革推進のために必要な活動を行うことを任務とする「改革室」を、総長を室長として立ち上げました。室員は、教授会構成員のうちから、総長が評議会の議を経て指名するとありました。その後、久保亮五理学部長を通して私に室員をとの内々の打診があり、まさか私が指名されるとは思ってもおらず大変驚いたのですが、「総長は東大の将来を若い助教授に託したいお気持ちが強いですよ」との久保先生の言葉もあり、引き受けることにしました。後日、総長からも直々にお電話を頂き、身の引き締まる思いがしました。

室長代理の向坊隆先生（工学部教授、後の東大総長）、教官自己規律専門委員会委員長を兼務する三ヶ月章先生（法学部教授、後に法務大臣）、研究・教育体制専門委員会委員長を兼ねる原佑先生（前教養学部長）を除いては、確かに、他の室員五名のうち、四名は助教授で、ほとんど同年齢でした（私は、四一歳）。

私は、加藤総長、次の林健太郎総長のときにそれぞれ一年半、合わせて三年間、東大改革の案作りのために仕事をしました。このとき勉強したことが、後年（一九八六年）、理学部物理学科教室主任に選ばれて、本郷キャンパスの再開発計画（理学部中央化構想）を提案するときに役に立つことになります。

半導体物理学国際会議でのヒートアップ

一九七〇年春、ちょうどボストンで八月一七日から二一日まで開催された国際純粋応用物理連合主催第一〇回半導体物理学国際会議（10th International Conference on Physics of Semiconductors：ICPS-10）のアブストラクトの締め切り間際でした。田中先生、吉崎さんとも相談して、テルルにおけるk1次項の発見という理論の成果（世界で初めて）と、磁気トンネル効果に関する世界で初めての理論・実験の誇るべき研究成果をボストンで発表しようということで意見が一致し、国際会議に講演の申し込みをしました。

組織委員長のベン・ラックス（Benjamin Lax）MIT教授のグループも、MIT強磁場研究所（Francis Bitter Magnet Laboratory）の強磁場（静磁場で15万ガウス、当時世界で最強の静磁場）と、開発したばかりのサブミリ波レーザーの両者を用いて、p型テルルの磁気トンネル現象の観測を研究所の主研究課題の一つに取り上げており、日本、米国、フランス、ドイツ、ソ連の研究者からp型テルルの磁気トンネル現象に関する論文申し込みがあったことで、「テルルの電子状態」に関するセッションは国際会議の目玉の一つになりました。その結果、私にもセッションで講演をするようにとの招待状が届きました。

一九七〇年以前の半導体物理学国際会議における半導体物質の主役は、シリコン、ゲルマニウム、II-VI族およびIII-V族半導体でしたから、鎖構造低次元半導体テルルがICPS会議のトピックスの目玉として登場したことが、参加者に大きな関心を引き起こすことになりました。

会議は、午前と午後に、それぞれ三つのセッションが並行して開かれました。テルルのセッションは、八月一八日午後三時から開催され、驚いたことに、会場は超満員でした。k1次項の効果によって、p型テルルの磁気トンネル現象がどのように解明されるかについて、参加者の関心が高まっていたのかもしれません。

私の講演は、七つの講演のうちの三番目でした。最初の講演は、ユラン博士の招待講演で、p型テルルの価電子バンドの最近の研究を概観した内容でした。このセッションのほとんどの講演が、p型テルルの価電子バンドに関する内容で、ランダウ準位、トンネル効果、赤外吸収など、かなりお互いの内容が関連し合うものであったので、どの講演に対しても、厳しい議論のやり取りになると思って、緊張したことを覚えています。

講演を聴いていてまず驚いたことは、私の前後の講演では、ラクダの二つのコブ（図３・７右側の図、H_4状態）に対応するエネルギー分散の曲線をそれぞれ放物面で近似してフェルミ面とランダウ準位を求め、k1次項を二つの放物面間の相互作用として摂動で取り入れる半経験的方法で計算を行っていたことでした。我々（上村・中尾・土井）以外に誰も、テルルの磁気トンネル効果が正確に解けることに気が付いていなかったのでした。当時は、今日のように電子メールで論文を送ることができなかったので、国際会議に出席して、初めて相手の研究の詳細を知ることになったのです。ベル研究所から帰国してまだ六年しか経っていなかったせいか、ベル研で鍛えられた、納得できないことに対しては徹底的に議論する慣習が身に付いていて、摂動で取り扱ったどの講演に対しても、「この問題は、私の講演で正確に解けることを示すので、摂動計算では、定量的観点から不十分」との厳しいコメントをしました。セッションの最後には、攻撃された側からの反論などもあって侃々諤々の議論となり、座長が閉会の宣言をなかなかすることができませんでした。

通常、国際会議では、外交的な面も考慮して、平和的な雰囲気でプログラムが進行しますが、この時は、我々が正確に解ける方法を見つけていたので、勝者と敗者が誰の目にも明らかで、会場には気まずい雰囲気が立ち込めたような感がありました。

最後に、ヘリコン波の命名者として有名なフランスのエイグラン（Pierre Aigrain）博士（当時は、ディスカール・デスタン大統領の下で、科学技術大臣を務めていました）が、座長に対して特に発言を求めました。「今日のこの会場の雰囲気は、和やかさからはほど遠い。翌一九七一年に、この会場の講演者を全員フランスに招いて、和解のために国際会議を開催するから、皆さん今日のことは忘れて帰国し、来年気持ちよくお会いしましょう」。これで会場には和やかさが戻って、めでたく閉会となりました。「さすがはエイグラン博士、立派な政治家になられた」との賞賛の声が会場のあちこちで聞かれました。

初めての欧州訪問——学生暴動後のパリ大学解体と新教育システムのパリ大学

ボストンでの半導体国際会議終了後、私は、親しい友人のミンコ・バルカンスキー（Minko Balkanski）パリ大学理学部教授の招待で、パリ大学理学部の客員教授として三か月間フランスに滞在することになりました。そのため、八月三一日にニューヨークのジョン・F・ケネディ空港を発ち、九月一日にパリ大学理学部バルカンスキー教授のオフィスに参りました。そこで大変驚いたことは、パリ大学の組織が大きく変わっていたことでした。東大紛争の起こった一九六八年、その年の五月に、パリの大学生が政府の教育政策に不満を爆発させて、カルチェ・ラタンを中心に暴動を起こしました。そのときのフランス大統領シャルル・ドゴール氏は、この暴動を鎮圧した後、学生数が二〇万人までに膨れ上がったパリ大学を解体し、一三の大学に分割する革命的な改革を実行しました。

私が研究を行うカルチェ・ラタンの旧パリ大学理学部のキャンパスは、パリ第六大学（現在のピェール・エ・マリー・キュリー大学）とパリ第七大学に分割されました。

パリ第六大学は、理学、情報学、工学からなり、学生・大学院生合わせて三万人、教員は二五〇〇人の規模の大学となりました。バルカンスキー先生は、第六大学に所属しましたので、私も第六大学所属ということになりました。

地下鉄のジュシュー（Jussieu）駅を降りて地上に出ると、目の前に、一階は吹き抜けで遠くまで見渡すことができ、二階から六階までは、窓の大きな、実に美しい真っ白の建物が見えます。同じような建物が格子状に配置され（図３・10）、いかにもフランスらしい芸術的なセンスが感じられました。しかし今から一〇年ほど前に、建物内にアスベストが発見され、それを除去するために、教員と学生を一時郊外の仮設の建物に移して工事をするとの話を聞きました。その後工事が完了して元の場所に戻ったかをいずれ確かめたいと思っています。

一九七〇年九月一日にパリ第六大学を訪ねたときは、図３・10の建物の一部はまだ建築中でした。フランス文部省から私に支払われる月給は、半年先になるということで、バルカンスキー先生は、私のために親切に立て替えて、一か月分の月給を紙幣で用意してくれました。

先生は、バカンスでお休みでしたが、秘書から大金の札束を受け取りました。すぐに預金するようにとのアドバイスを受けたので、その足で銀行に行き、口座開設を申し込みました。しかし、一時間経っても呼び出しがありません。やがて背広を着た紳士が現れて、「この大金はどこからもらってきたのか」と尋ねられました。当日は、大変暑く、上着を着用せず半袖シャツのラフな格好で銀行に出掛けたため怪しまれたようです。紳士は英語が達者で、警察関係の人かもしれないと思いました。「バルカンスキー教授の秘書から頂いた」と話をし、彼女から「問題があれば電話をするように」と渡されていたオフィスの電話番号のメモを紳士に見せました。電話をして事情が理解できたようで、ようやく口座を開くことができました。銀行に着いて二時間は経っていたと思います。口座を開いた後、銀行のマネージャーの案内で応接室に通され、謝罪の言葉とともに昼食をご馳走してもらいました。こうして、パリ大学一日目のスケジュールが終わりました。

図 3.10　格子状に配置されたパリ第6・第7大学の建物（ジュシューキャンパスでは，同じサイズの建物が，図のように格子状に配置されて，パリ第6および第7大学を構成していた．真ん中の40階の建物が管理棟で，最上階に学長室があります．私がいたときは，数学者のゼマンスキー教授が学長．屋上にはヘリポートがあるということだった．

大学は、一週間は夏休みということでしたので、翌日からあこがれのパリの町の見物に出掛けました。エッフェル塔、ルーブル美術館、シャンゼリゼ通りなど、どこもフランスの歴史、文化、芸術の香りが感ぜられて、興奮しました。

ただ大変困ったことは、どのレストランに行っても、英語のメニューがなく、食べたい料理を注文できないことでした。ドゴール大統領の命令で、英語の説明書は一切店にありません。アメリカからフランスに直接行きましたので、日本語のガイドブックをもっておらず、困って、一週間経ったある日、父親の友人が三菱商事のパリ支店長をしていたので、父の紹介状をもって訪ねました。大変親切に話を聞いて頂き、英語、フランス語、日本語で書かれたメニューや、日本語のパリ案内書をくださり、社員の方の案内で英語の通じるエトワール広場近くのホテルを紹介して頂いて、ようやく安心してパリ暮らしができるようになりました。

九月下旬にグルノーブルで開催された「磁性物理学国際会議」では、フラン人のスピーカーがフランス語で講演をすると、アメリカ人の参加者が一斉に席を立って部屋を出ていったり、アメリカ人のスピーカーが英語で講演をすると、フラン人の参加者が一斉に席を立って部屋を出ていくような、グローバルな現代では信じられないことが、四五年前のフランスの大都会では起こっていたのです。

でも住めば都、大学からの帰途、歩いてセーヌ河の中のシテ島にあるノートルダム寺院の前を通ってヌフ橋に到り、ルーブル美術館からチュイルリー公園をコンコルド広場まで散歩して、そこからエトワールまでバスに乗り、夕方のシャンゼリゼの風景を眺めてホテルに戻ることもしばしばで、三か月間、パリの町を心ゆくまで楽しみました。

その後のこと

一九七一年五月に、エイグラン博士の約束通り、私どもは、フランス政府により、アルザス・ロレーヌ地方ミューズ川のほとりにあるポンタ・ムーソン（Pontá Mousson）市の国際会議場（宿泊施設を持つ）で、テルル・セレンの物理学に関する国際会議（Europhysics Conference on the Physics of Selenium and Tellurium）に招待されました。この会議で、私がｐ型テルルの磁気トンネル効果が第一原理計算で正確に解けることを示し、参加者が同意して、VI族半導体テルル・セレンの電子状態に関する研究は世界的に終了することとなったのでした。

この会議後、田中昭二先生と二人でパリ高等師範学校（Ecole Normal Superieur：ＥＮＳ）の研究所に招かれて訪問したとき、テルルの研究者たちから、「テルルの研究が終わって、次の研究プロジェクトは何にするのか」との質問があり、「マーキュリ・テルライド（HgTe）」と答えたときの彼らの驚きように、逆に我々が大変驚かされました。理由を尋ねると、「テルルの研究で我々に先を越されたため、研究所長から予算を削減されてテルルの研究ができなくなり、最近、次のプロジェクトとして、マーキュリ・テルライドの研究に関する予算を申請したところである。貴方方とは、今後は争いたくないと思っていたのに、またテーマがかち合ってショックを受けた」とのことでした。

その晩、ホテルに帰って田中先生と話し合い、「国際的友情」を大事にしようということで、マーキュリ・テルライドの研究はＥＮＳ研究所に譲ることにしたのです。後年彼らは、マーキュリ・テルライドの研究を赤外検出器に応用することで世界的に高い評価を得ましたが、日仏の友情が役に立ったと思っています。

他方、私たちのその後ですが、田中昭二先生は（Ba, K)BiO_3物質の超伝導の研究に、私は不純物半導体の電子相関の研究に着手しました。そして、一九七四年に、日本学術振興会と英国王立協会による日英研究者交流制度で、ケンブリッジ大学キャベンディシュ研究所に滞在し、モット卿（Sir Nevill Mott）と共同研究を始めることになったのです。モット先生とは、それ以来、先生が亡くなられる一九九六年の一年前まで、毎年ケンブリッジに伺ってほぼ一週間を共に過ごして、半導体から高温超伝導について実に楽しい共同研究が続くこととなります。

再びテルルの話に戻りますが、ボストンでのテルルの講演が縁となって、実に多くの国外の研究者と知己の間柄となりました。中でもドレッセルハウス（Mildred and Gene Dresselhaus）ＭＩＴ教授夫妻とは、会議中お宅に招かれて夜遅くまで議論をしたことで、すっかり打ち解けた仲となりました。以来、今日に至るまで親しい友人でしたが、残念なことに、ミリー先生は二〇一七年二月に亡くなられました。

ミリーさんに、テルルの磁気トンネル効果が正確に解けることに気が付くのに、マックリュア（J.W. McClure）博士のグラファイトの反磁性に関する研究が大変役に立ったという話をしたところ、この話題が発展して、グラファイトに関する日米共同研究（米国ＮＳＦと日本学術振興会がスポンサー）を実施しようということになり、ミリー・ドレセルハウス（Mildred Dresselhaus）教授がアメリカ側代表者、私が日本側代表者となって一九七三年から一九七七年までの四年間にわたって共同研究が行われることになりました。

ドイツ・ビュルツブルグ（Würzburg）大学のランドベーア（Gottfried Landwehr）教授ともテル

ルの講演の縁で親しくなり、先生が亡くなられる二〇一三年まで実に親しくお付き合いを致しました。特に、ポンタ・ムーソンでの会議の折、「一九七二年夏に、ビュルツブルグ大学に滞在して共同研究をしないか」との話を頂き、一九七二年七月中旬から一か月間教授の研究室に滞在しました。この滞在中に当時テルルについて博士論文の研究を行っていたクラウス・フォン・クリツィング（Klaus von Klitzing）博士（整数量子ホール効果の発見で、一九八五年度ノーベル物理学賞受賞）とも親しくお付き合いをするようになったのです。

第4章　師、ネーヴィル・モット卿との出会いと研究（ケンブリッジ大学）

東大の横型大学院構想

東京大学では、一九七三年四月、林健太郎先生が第二〇代総長に就任しました。改革室は存続し、室長は林総長、室長代理に総長特別補佐（今の副学長）の久保亮五先生と伊藤正巳先生（後の最高裁判事）、私たちは加藤総長時代に引き続いて室員に任命されました。

林総長はリフレッシュされた改革室会議の冒頭、次のように言われました。

「我が国では、一九八五年度までは大学への進学率が増し、大学の数が増加する。それとともに、大学院の果たす役割がより重要になる。東大は大学院に重点をおく大学になることが予想される。そのための布石として、大学院中心の新しい研究・教育組織を設けることを考えたいので、改革室に専門委員会を設けて審議をお願いしたい」。

この提案で、従来の縦型（discipline）大学院に対して、横型（interdiscipline）の新しい大学院を構想する専門委員会が設置されました。

改革室では、横型の大学院を構成する研究科として、物質科学研究科、生命科学研究科、人間科学研究科、情報科学研究科の四つの新しい interdiscipline の研究科を候補に挙げ、これら四つの研究科からなる総合大学院を企画し、この構想について総合大学院構想専門委員会で審議をすることになりました。伊藤正巳先生（法学部）が委員長、私が幹事役として補佐することになりました。

この総合大学院構想については一年間かけて審議しましたが、東大ではすぐには実現しませんでした。文系学部では学部を卒業する二二歳までには、interdiscipline の新しい学問の道に進むほどに、discipline の学問の実力が身についていないということが理由でした。

むしろこのときの東大の案を参考にして、後に他の大学でいくつか新しい横型大学院ができました。横型大学院は今日では多くの大学で設置されています。これは、当時の改革室が二〇年先の東大のあるべき姿を考えて構想したものですが、学内で全学一致のコンセンサスが得られなかったのです。一九九一年になって東京大学は大学院重点化を開始したのですから、当時の改革室の先見性に富んだ議論は正しかったと思います。

大阪大学永宮健夫先生の研究室との交流

上村研究室では、一九七三年三月に、金久誠さんと鈴木直さんの二人が物理学専攻後期博士課程を修了し、理学博士（東京大学）の学位を取得しました。

金久さんの研究は、不純物半導体中の電子相関効果を明らかにしたもので、これについては後述します。鈴木さんの研究は、遷移金属化合物におけるフォノン・ラマン散乱に磁気秩序の効果が現れるというまったくオリジナルなものでした。

鈴木さんがこの研究を始めてしばらく経った一九七二年の初めに、大阪大学基礎工学部の設立に貢献された永宮健夫先生が、永宮研助教授の望月和子さんと一緒に、私の研究室を訪ねてこられました。永宮先生は、私が尊敬する磁性体理論の碩学です。私がベル研に滞在していたときに永宮先生と望月さんのお二人で訪ねてこられて以来、研究上親しくお付き合いをしていましたが、わざわざ東大に先生が来られたのには、恐縮しました。

永宮先生の話は次のようなものでした。

「日本の物性理論のグローバルな発展を考えると、阪大永宮・望月研の磁性理論と東大上村研の強相関系電子状態の第一原理計算の二つのグループの間に交流ができれば、物性理論における世界のトップグループへの仲間入りができるように思う。そこで、この度永宮研で助手の公募をするが、大阪地区の人事と思わないで、適任者がいたら、積極的に応募させてほしい」。

博士論文の内容が望月先生のグループの研究内容に非常に近かったので、鈴木さんにこの話を伝えました。鈴木さんはこれに応募、採用され、永宮研助手になりました。永宮先生が定年後は望月研助手、助教授、そして教授昇進後は大阪大学副学長（現大阪大学名誉教授）になりました。こうして、私の研究室と望月和子先生の研究室の間で、学問的に交流ができたことは、上村研のその後の研究の発展に広がりをつくりました。永宮・望月両先生には感謝しています。

半導体不純物バンド

話を一九七一年に戻します。

テルルの研究を終えて、半導体の分野については金久誠さんが原子配置の不規則性と電子相関効果

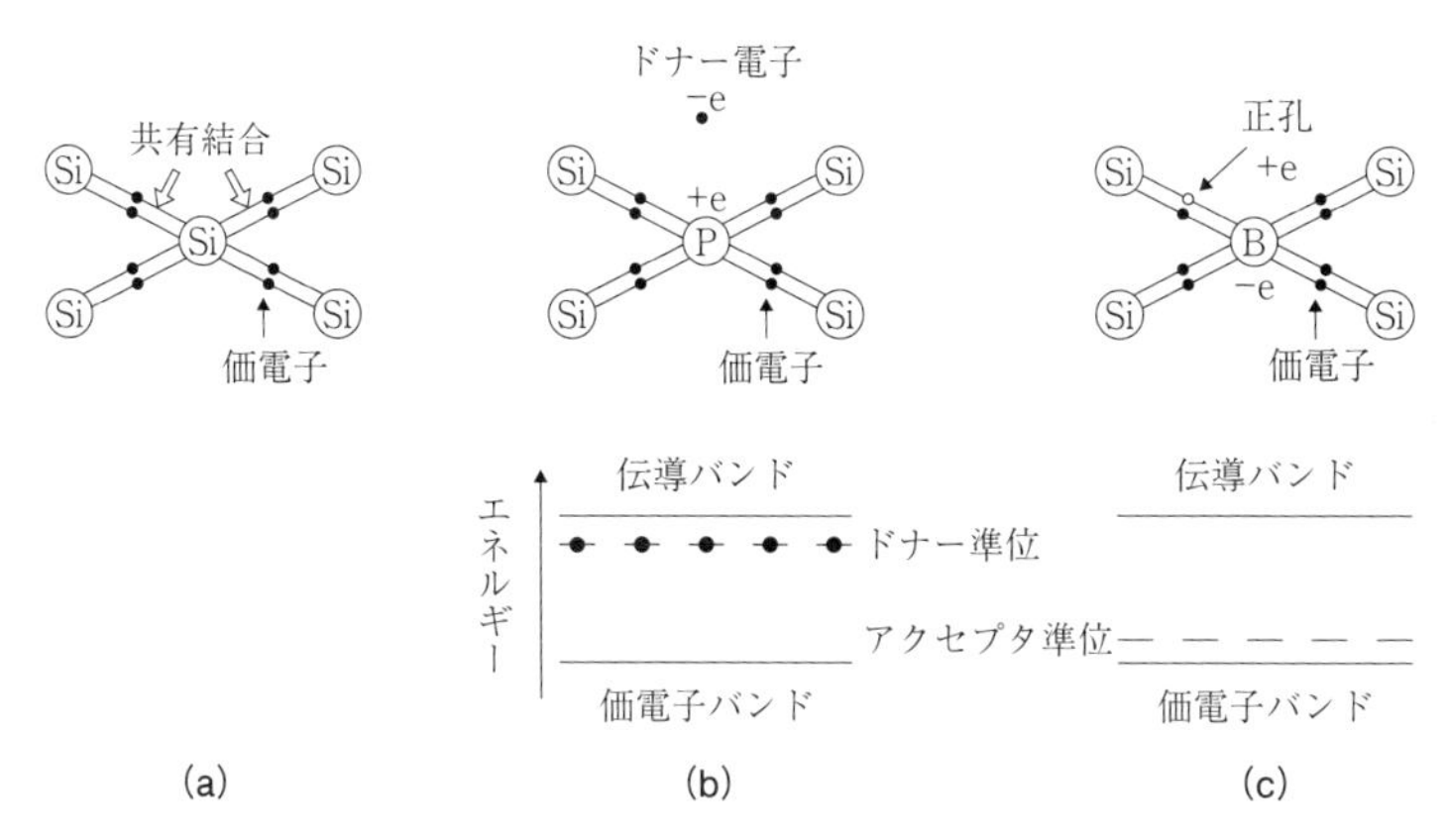

図 4.1　(a) シリコン，ゲルマニウムでの共有結合．(b) 半導体中，エネルギーの浅い不純物，ドナー準位とドナー電子．(c) 半導体中，エネルギーの浅い不純物，アクセプタ準位と正孔．

の絡み合いに興味をもち、不純物バンドの研究を始めました。今日よく知られている半導体物質は、周期表でⅣ族のシリコン（Si）元素からなるシリコンです。シリコン原子の四つの価電子は、図4・1(a)のように、周りの四つのシリコン原子の価電子と共有結合を作ってダイヤモンドと同じ結晶構造の物質を構成します。このシリコンに、図4・1(b)のように、価電子数が一つ多いⅤ族のリン（P）を不純物として導入（ドープといいます）すると、一個余計な電子は水素原子に似た電子状態を作ります。

この基底状態の1s電子のエネルギー状態は、半導体のエネルギーギャップ中、伝導バンドの底よりわずかに低いところに現れ、そのエネルギー値はバンドギャップの大きさに比べてとても小さいのです。そこで温度を室温程度まで上げると、1s電子は伝導バンドに熱励起されて伝導電子となり、半導体のいろいろな伝導現象に寄与します。半導体の母体に余分な電子を与える不純物原子リンのことをドナー、その電子をドナー電子、不純物準位をドナー準位、伝導電子が主体の半導体をｎ型半導体といいます。

他方、周期表でシリコン（Si）より価電子数が一つ少ないⅢ族のホウ素（Ｂ）を不純物としてドープしたとします。この場合、価電子が一つ足りないので、まわりのシリコン原子と結合できないところには電子の孔ができます。ホウ素の原子核はⅢ族ですので、正電荷がシリコンより一個少なく、シリコン中ではホウ素は$^{-}$eの電荷をもちます。それと束縛状態を作る電子の孔は、+eの電荷もつことになります。この正に帯電した電子の孔を正孔（ホール）と呼びます（図４・１(c)）。

この正孔のエネルギー状態は半導体のエネルギーギャップ中、価電子バンドの頂上よりわずかに高いところに現れ、そのエネルギー値はバンドギャップの大きさに比べて小さいのです。温度を室温近くまで上げると、シリコンの価電子バンドの電子が正孔の状態まで熱励起されて中性となり、代わりに価電子バンドに正孔ができて自由に動けるようになります。このように、ホウ素（Ｂ）など三族の不純物はシリコン中で電子を受け入れることができるので、アクセプタ、そのエネルギー準位をアクセプタ準位、正孔が主体の半導体をｐ型半導体と呼びます。日頃、日常生活で、青色ＬＥＤ、スマホなどで大変世話になっている半導体では、ドナー電子や正孔が活躍しているのです。

さて、リンやホウ素など不純物の濃度を増すと、ドナー準位はエネルギー幅の狭いバンドを伝導バンドの下に作ります。このバンドを不純物バンドと呼びます。バンド幅の狭い不純物バンドでは二つの電子が同じサイトに来ると、電子間のクーロン反発力でエネルギーが上がるので、なるべく同じ場所に来ることを避けようとします。この働きを電子相関と呼びます。不純物バンドでは、電子相関の効果が重要だと指摘したのがモット先生でした。当時博士課程在学中の金久さんと一緒に不純物バンド中の電子によるスピン磁化率をモット理論に基づいて計算し、日本物理学会の欧文誌 *JPSJ*（*Journal of Physical Society of Japan*）に発表しました。

そして、「一九七三年夏、マルセーユでの国際会議の帰りに、ケンブリッジ大学キャベンディッシュ研究所を訪問し、この論文についてご意見を伺いたい」との手紙を、当時未知のモット先生（Sir Nevill Mott）に論文別刷りとともに送ったところ、あたかも旧知のような筆致で「お会いしたい」との親切丁重な返事が来ました。

モット先生との出会い

こうして、一九七三年夏にキャベンディッシュ研究所でモット先生に初めてお会いしました。初対面にもかかわらず、気さくに議論をしてくださり、説明の途中でも好奇心に満ち溢れた質問を連発されました（図4・2）。その先生のスケールの大きさに圧倒され、同時に先生の指導を受けたい気持ちが強くなり、「キャベンディッシュで、先生の指導のもとに、一緒に仕事をしたくなりました」と先生に話したところ、その場で快諾いただき、次のように言われました。「日本学術振興会と英国王立協会（Royal Society）との間で、研究者交換プログラムがあるので、それに応募してはどうか、推薦状は書きましょう」。天にも昇る心地というのは、このような気持ちのときに使うのでしょう。

英国から帰国後、日本学術振興会（ＪＰＳＪ）に応募し、採用されました。実は、六分野六人の枠に六四人もの応募があったということでした。面接審査のとき、委員長の伏見康治先生が「モット先生から推薦状が来ています。よかったですね」と言われました。こうして、一九七四年一〇月からケ

図 4.2　モット先生との初対面（キャベンディッシュ研究所モット先生の部屋）.

ンブリッジ大学キャベンディッシュ研究所（Cavendish Laboratory）で、モット先生と共同研究をすることになりました。

英国では、王立協会との交換プログラムでの研究者は、ステータスが高いことがその後わかりました。ケンブリッジに一家四人で居を構えると、バッキンガム宮殿の近くにある王立協会に招待され、協会の歴史、活動状況についての説明と歓迎を受けました。

キャベンディッシュ研究所でも歓迎を受けました。居室は、研究グループのあるモットビルディングではなく、管理棟のブラッグビルディングで、所長のブライアン・ピパード第七代キャベンディッシュ・プロフェッサー（Sir Brian Pippard, Cavendish professor）室の真ん前の大きな部屋でした。そして理論グループではなく、モット先生と同じ実験の「固体の物理・化学」グループ（Physics and Chemistry of Solids：PSC）の一員となりました。

モット先生に親しみを強く感じたのは、先生が一九〇六年生まれで、一九〇〇生まれの父親に近い年齢だったこともあるでしょう。ケンブリッジ大学は六七歳が定年で、私がキャベンディッシュ研究所で共同研究を始めたときは、定年直後で所長の雑用から解放されて、研究を楽しんでおられるようでした。背が高く、いつも近寄りがたいオーラがあり、背筋をぴんと伸ばして歩いている姿は典型的なイギリス紳士で、声にはいつも張りがありました。

お宅はケンブリッジの郊外にあり、何度か招かれました。奥様がお茶を入れて、それをお盆にのせ、庭まで一つ一つ運んで来られた姿が今でも目に浮かびます。英国ハイソサエティの伝統的なティーパーティの風景でした。当時、小学校三年の私の息子が、モット先生の三歳の孫と積み木で一緒に遊ぶと、大変喜んで記念にその積み木をくれたのです。実は、その積み木は、モット先生自身が子供の頃に使われたということで、一九一〇年頃のロンドンの建物の様子までよくわかる我が家の貴重な宝物となっています。

モット先生は当初、毎朝一〇時半頃に私のオフィスに来られて、三〇分くらい物理の議論をしました。私との共同研究のために、研究テーマを用意し、そのテーマのバックグラウンドの話をして、私がそのテーマに興味をもつかどうかを確かめているようでした。意見交換が終わると、二人でティータイムのため食堂に行って、ＰＣＳのグループのテーブルを囲んで、皆で話をするのが日課でした。

食堂には、ＰＣＳグループの研究者や大学院生が大勢いて、その日か前日に測定した実験データなどについて夢中で議論をしました。雰囲気はベル研時代に似ていましたが、さすがに大学だけあって、若い大学院学生が大勢いて、エネルギーが満ち溢れていました。

モット先生との共同研究

共同研究のテーマは、「不純物バンドにおけるアンダーソン局在状態」に決まりました。最初に

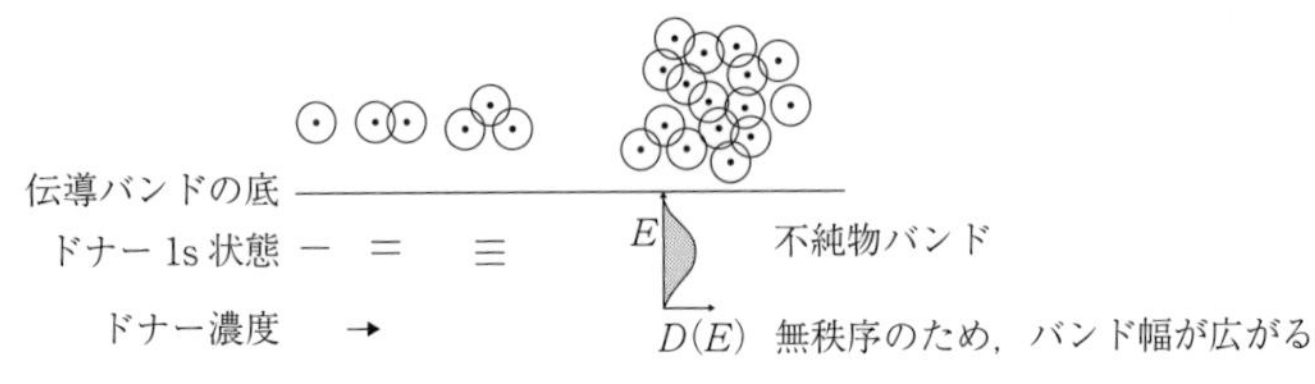

図 4.3　不純物バンドの形成.

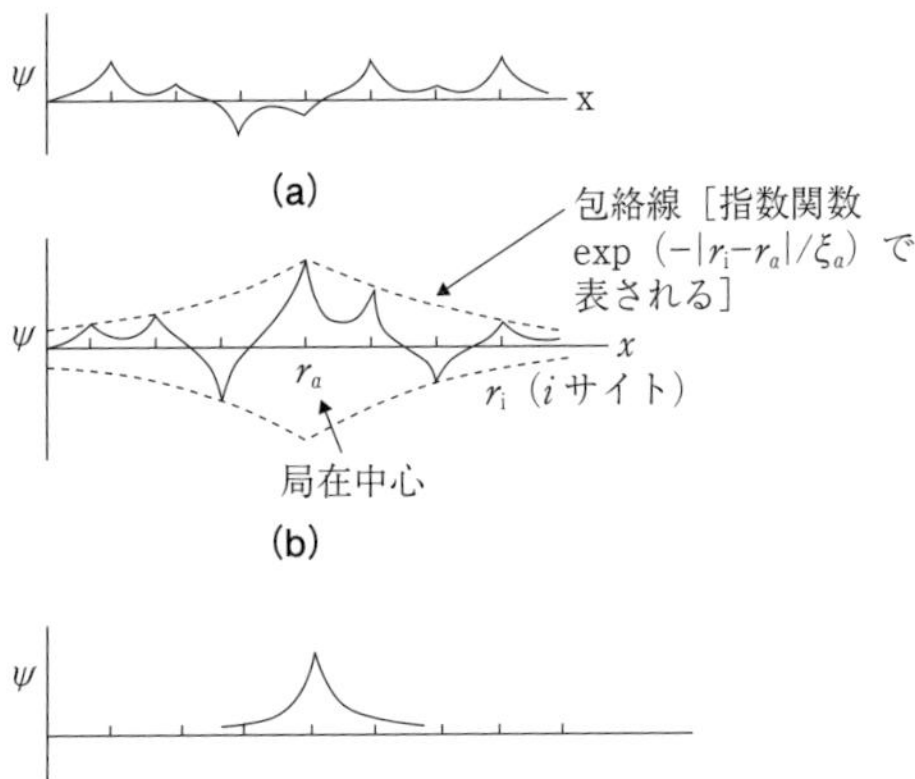

図 4.4　(a) 金属状態（波動関数が結晶全体に広がった状態）. (b) アンダーソン局在状態の波動関数. (c) 孤立した状態の波動関数.

「アンダーソン局在状態」について説明します。たくさんのドナー不純物が半導体中に無秩序に分布している状況を考えます。ドナー電子はその不純物間を飛び回って、不純物バンドを形成します（図4・3）。このバンドの中で、エネルギーの低い状態の波動関数は空間的に局在し、孤立した不純物の状態に対応します。その波動関数は図4・4(c)のようになります。エネルギーがE_cより高くなると、波動関数が図4・4(a)のように空間的に広がって金属状態になること、ある値E_c以下の状態は乱れた系に特有の状態になることを一九五八年にアンダーソン先生が数学的に示しました。難解な論文でしたが、モット先生は次のようにやさしく説明されました。

「エネルギーE_c以下の乱れた系に特有の状態は、その波動関数が図4・4(b)

に示す特徴をもった局在状態である。そして図中の包絡線の勾配は状態のエネルギーが低いと図4・4(c)に近く、エネルギーがE_cに近づくと広がって、E_cでゼロになり、図4・4(a)の金属状態になるのである」。

この中間状態をアンダーソン局在状態、E_cを移動端と名付け、大勢の物性物理の研究者が、この新しいアイディアに強い関心をもつようになったのです。早速、計算機実験が行われ、モット先生の説明が正しいことが示されて、アンダーソン局在の概念は物理の世界で広く認められることになりました。それまでは不純物状態というと、図4・4(c)のように理解されていましたから、モット先生のアイディアは大変新鮮で魅力的でした。その本質を勉強しようと、キャベンディッシュ研究所にはモット詣での研究者が毎日のように来ました。

このアンダーソン局在状態は、一つの不純物に束縛されたドナーの局在状態とは異なります。不純物濃度が増加して、不純物の波動関数が重なり合うような濃度領域になると、その波動関数が多くのドナー状態の波動関数の重ね合わせの形で表され、その重ね合わせの形状を表す包絡線が、図4・4(b)のように、局在中心を原点にした指数関数で表されることが明らかになりました。しかも指数のべきが移動端からのエネルギー差に依存して、移動端でゼロになることにより、E_cで局在状態から金属状態に転移することを示したのです。モット先生はこの転移を、アンダーソン転移と名付けました。

さらに、通常の孤立した局在状態とは異なり、移動端E_Cで状態密度が有限な値をもつことはもちろん、それよりエネルギーの低い状態にフェルミ準位E_Fが存在するときでも、図4・5のように状態が密集していて、状態密度が有限なことを指摘したのです。また、E_F以下のアンダーソン局在状

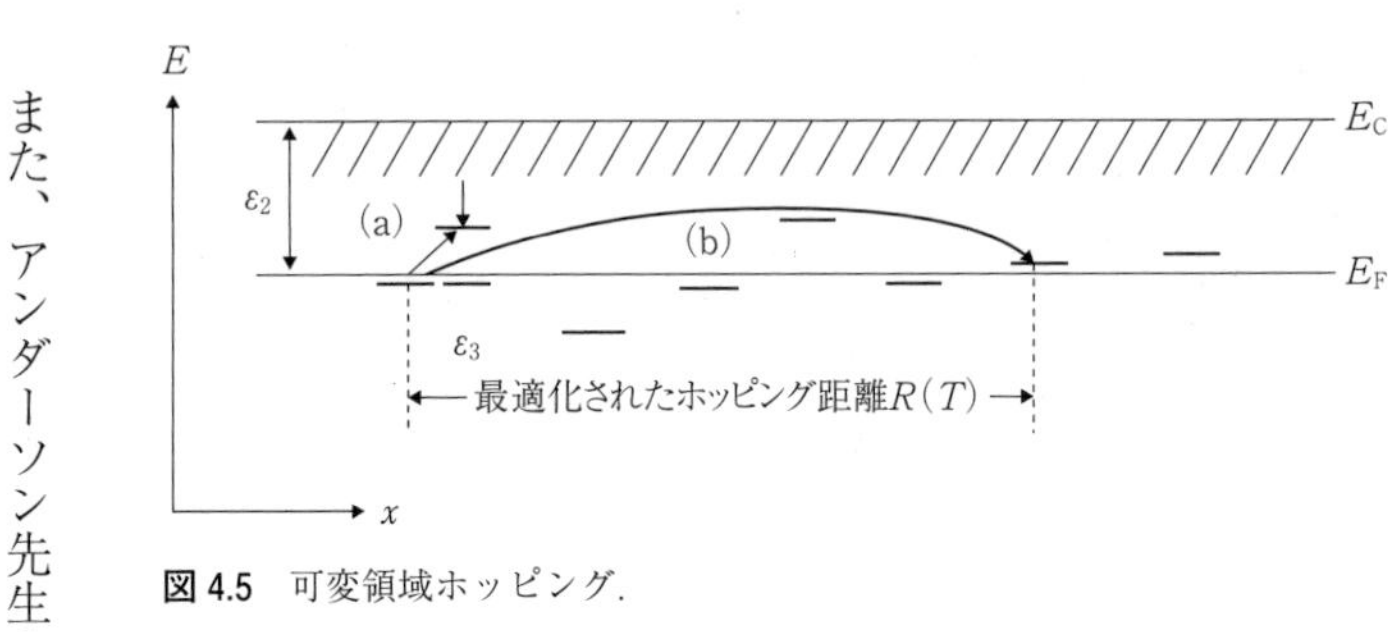

図 4.5　可変領域ホッピング.

態εから空いた状態へのフォノンを介した電子のホッピング伝導の機構として、低温でも電子は、エネルギー差の小さい局在状態を遠方に見出すことができて、常にホッピング伝導が可能なことを示しました。この伝導機構では、ホッピングの平均距離が3次元では$T^{-1/4}$に比例して変化することから、モット先生はこのホッピング伝導を可変領域ホッピングと名付けました（図4・5）。その伝導率は、3次元の系では、$\exp(-cT^{-1/4})$の温度依存性をもつことを示し、今日「モットの4分の1乗則」と呼ばれています。

「モットの4分の1乗則」の意味する物理を、日常生活に喩えて説明してみましょう。私は東京に住んでいますが、都心のオフィスに通うための住居を探すとき、通勤時間は短いほど良いのです。しかし家賃が高くなるので、両者のバランスを考えた最適化問題の答えが「可変領域ホッピング」です。この場合、東京都のように住宅が密集していないと、この最適化問題は解けませんが、アンダーソン局在状態のキーポイントも状態密度が有限なことです。そのために、電子はホッピングをするときに、エネルギー差の小さい状態を見つけて跳ぶことができるのです。

また、アンダーソン先生の新理論とモット先生のその易しい説明によって、不純物半導体やアモルファス半導体についてのまったく新しい物理学を確立したことが高く評価され、一九七七年に、アンダーソン、モット両先生は、配位子場理論を用いた磁性体の研究で著名なバン・ブレック（John H. Van Vleck）先生とともに、「磁性体と無秩序系の電子構造の研究」で、ノーベル物理学賞を受賞されました。

My thanks are due particularly to my close collaborator Ted Davis, joint author of our book on the subject (Mott and Davis, 1971), to Walter Spear and Mike Pepper in the U.K., to Josef Stuke in Marburg, to Karl Berggren in Sweden, to Hiroshi Kamimura in Japan, to Mike Pollak, Hellmut Fritzsche, and to many others in the United States, and, of course, to Phil Anderson.

図 4.6　1977 年ノーベル物理学賞講演「Electrons in Glass」(Professor Sir Nevill Mott) の最後にある謝辞.

モット先生と私は、アンダーソン局在状態に関する共同研究の成果を共著の論文にまとめ、先生の希望で日本の欧文誌 *JPSJ* に投稿、一九七六年五月号に掲載されました。モット先生と共著の論文を執筆した唯一の日本人研究者ということで、キャベンディッシュ研究所内で注目されるようになりました。

先生は、一九七七年のノーベル物理学賞受賞の際、「Electrons in Glass」の題で受賞講演をされました。その講演の別刷りを先生から頂きましたが、その最後に、先生が感謝を述べられていたアンダーソン先生をはじめとする九人の共同研究者の中に、私の名前もあって（図4・6）、先生のホスピタリティに感激しました。

アンダーソン先生とも、キャベンディッシュ研究所で再会して、半年間一緒に研究生活を過ごすことができました。先生は、毎年一〇月からイースター休暇の前までの学期をケンブリッジ大学の教授としてキャベンディッシュ研究所で過ごし、後の半年はベル研で研究生活を過ごしていました。しかも先生のキャベンディッシュ研究所教授としての最後の年を一緒に過ごすことができ、一九七五年三月六日夜の先生夫妻の送別会にも出席し、感謝の言葉を述べました。

ＳＮポリマーの研究

水に溶けない金属性高分子 $(SN)_x$ は、電荷移動有機塩などとともに、一九七五年当時、超伝導の可能性を秘めた擬一次元性物質として関心を集めていました。ＰＣＳグループには、スイス連邦工科大学ローザンヌ校（ＥＰＦＬ）で低次元物質結晶作りの大家フランシス・レヴィー教授（Francis Lévy）が、サバティカル・イヤーで客員所員として滞在していました。そしてＳＮポリマーの作成に成功したのです。図４・７に、レヴィーさんがX線回折で決めた結晶構造を示します。

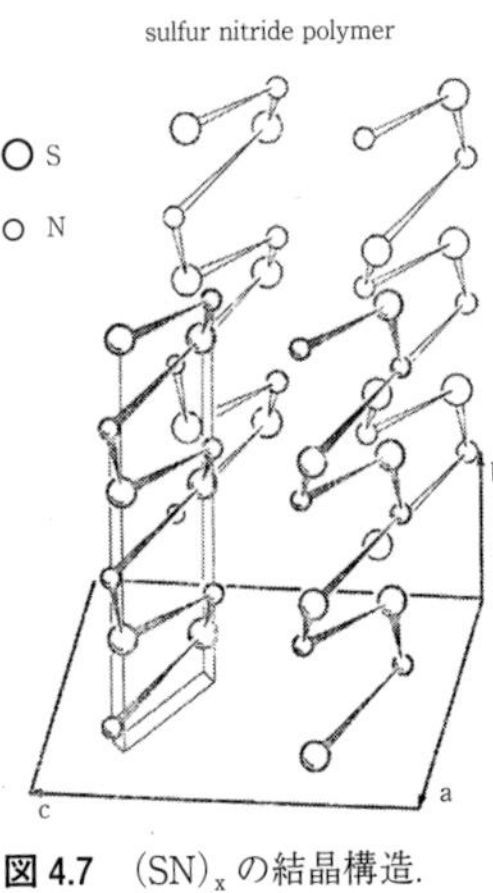

図 4.7　$(SN)_x$ の結晶構造.

この構造からわかるように、ＳＮ分子がb軸方向に並んだ鎖構造をしています。伝導率や光学的性質の測定をＰＣＳグループの研究者が行い、同時に、私にもバンド構造の計算をしてほしいとの要望がありました。簡単な計算結果を、レター論文として一九七五年初めに発表しました。ちょうどその頃、東大で一九七五年三月に博士課程を修了し、博士号を取得した上村研の夏目雄平さん（現千葉大学名誉教授）が、私と研究を続けたいと希望してキャベンディッシュ研究所に来ました。ピパード所長と理論グループのヘッド、フォーカー・ハイネ（Volker Heine）博士に願い出て理論グループのメンバーに加えてもらいました。研究所の大型計算機を用いて、ＳＮポリマーのバンド構造の詳細な計算を行い、レター論文に続けて本論文も投稿しました。

私のレター論文がＳＮポリマーについての最初のバンド構造の計算であり、また内容がセンセーショナルであったため、世界で二〇に近いバンド計算のグループが追試を始め、侃々諤々の議論となりました。さらに一九七五年一月には、ＩＢＭサンノゼ研究所のグリーン（R.L. Greene）博士たちによって、ポリマーが金属状態のまま、一度ケルビン以下の温度で超伝導になることが発見されたので、ＰＣＳグループの結果は注目を集め、私もにわかに時の人になって、他のグループとの意見交換などで忙しくなりました。

アンダーソン先生は、私の計算結果に大変強い関心をもたれました。ちょうどその頃（一九七五年二月一二日）、トランジスタの発明と超伝導理論のテーマでノーベル物理学賞を二度受賞したジョン・バーディーン教授が、キャベンディッシュ研究所に来られることになりました。そこでアンダーソン先生は、私にＳＮポリマーのバンド計算の結果について話をするように言われました。当日の午前中にバーディーン先生と話をした後、大学会館の食堂で開かれたピパード所長による歓迎昼食会にも招待され、モット先生、アンダーソン先生とともに、バーディーン先生と昼食をご一緒する栄誉に浴しました。それ以後、アメリカ物理学会や国際会議などでお会いすると、バーディーン先生とも、親しく言葉を交わすようになりました。

一九七六年七月にローマで開催された第一三回半導体物理学国際会議では、ＳＮポリマーを対象とした「1次元伝導体」が全体会議（プレナリー）セッションのテーマの一つとなり、私が講演者に選ばれました。プレナリー講演は全部で七つありました。モット先生も「非晶質半導体」のテーマでプレナリー講演者に選ばれました。二人ともイタリアの組織委員会から招待され、宿泊はローマ市内の由緒あるホテルでした。モット先生は、「洸はイタリア語がわからないだろうから、有名な寺院を案内してあげよう」と言われ、いくつかの寺院を案内して、イタリア語の説明を英語に翻訳してくださったので、よくわかりました。本当に親切な先生でした。

なお、ＳＮポリマーの電子状態についての完璧な計算は、上村研博士課程院生の押山淳さん（現名古屋大学未来材料エレクトロニクス研特任教授、東大名誉教授）が、岡崎にある分子科学研究所の大型計算機日立ハイタック（当時世界最大・最速の大型計算機）を用いて、電荷分布について自己無動着の計算を行いました。一九八一年にすべてが決着、ＳＮポリマーは半金属であることが確定しました。

グラファイト層間化合物との出会い

私の一〇か月にわたるキャベンディッシュ研究所の研究生活も終わりに近づいた一九七五年七月、ペンシルバニア大学のジャック・フィッシャー（John Fischer）教授が夏だけのサバティカル休暇でキャベンディッシュ研究所に滞在しました。当時のキャベンディッシュ研究所は、世界における物性物理研究のメッカでしたので、実に大勢の研究者が世界各国から訪ねてきました。私も一〇か月の間に、バーディーン先生をはじめ、多くの研究者と知り合いになり、交流を深めました。フィッシャー教授は一か月間滞在したいので部屋がほしいと言われ、広い部屋をもつ私と同居することになりました。部屋では彼の研究の話になり、「グラファイト層間化合物」という物質を初めて知り、好奇心を刺激されました。

ちょうどその当時、一九七三年七月から私が日本側代表者となって、「グラファイトの電子物性に関する日米政府間協定に基づく共同研究」をＭＩＴのミリー・ドレッセルハウス教授（アメリカ側代表者）との間で実施していたので、グラファイト層間化合物という新物質を共同研究のテーマに加えることができたらよいと思い、フィッシャーさんの話を熱心に聞きました。帰国後、この研究が発展して、グラファイト層間化合物は世界における新しい物性研究の大きなテーマとなるのですが、その話は第5章に譲ります。

ケンブリッジ大学での教育研究とカレッジ生活

ケンブリッジ大学の教育・研究制度は、オックスフォード大学と同じく大変ユニークです。教員も学部学生も大学院生も、大学の学部（Department）だけでなく、カレッジに属します。ケンブリッジ大学は、当時二三のカレッジからなり、私はモット先生の配慮で、先生と同じゴンビル・キース・カレッジ（Gonville & Caius College、一三四八年創立で、ケンブリッジ大学では、四番目に古いカレッジ）のコモンメンバー（Common Member）となりました。コモンメンバーは、フェローと異なり、終身ポストではありません。しかし週に三回、カレッジの食堂で昼食か夕食を摂る権利を持ち、図書館の利用、カレッジのいろいろな会合への参加の権利など、素晴らしい待遇を受けることができました。

特にカレッジのフェローは、種々の学問分野の研究者ですので、一緒に食事をすることで視野を広げることができます。物理の分野でも、モット先生をはじめ、超伝導のデービット・ションベルグ

(Sir David Shoenberg) 先生、スピングラス理論のサム・エドワード (Sir Sam Edwards、第八代キャベンディッシュ・プロフェッサー Cavendish Professor) 博士、宇宙論のスティーブン・ホーキング (Sir Stephan Hawking) 博士、後に高温超伝導研究所の所長になられるヤオ・リアン (Yao Liang) 博士たちも、同じカレッジのフェローで、大変親しくなりました。ホーキング博士は、当時、既に歩行は自由ではありませんでしたが食事はでき、昼食のときには学生が車椅子を押してフェロー用の食堂に来られ、ときどき挨拶をしました。学寮長（マスター）は、中国文化の大家であるヨゼフ・ニーダム (Sir Joseph Needham) 先生でした。同じ東洋文化ということか、よくマスター・ロッジに家内ともども招かれ、奥様に中国文化の貴重な作品を見せていただきました。ションベルグ先生ご夫妻は、一九七三年に二人で東大に来られ、家内と二人で東京を案内した縁で親しくなり、ケンブリッジ滞在中にはときどき、ションベルグ先生のお宅に家族で伺いました（図4・8(a)）。

キャベンディッシュ研究所の物理コースは当時、三年間で単位を取得すれば卒業できる制度でした。物理を選んだ学生は一年次に物理数学を必修科目として履修し、その演習をカレッジでチューターについて学びます。理論グループの友人のフォーカー・ハイネ教授（当時はReader、図4・8(b)）は、ケンブリッジのチューターの制度は優れているので、体験してみてはどうかと勧めてくれました。お蔭で、彼のカレッジ（クレア・カレッジ Clare College、一三二六年創立）の一年次の物理を選択した学生二人に対して、物理数学のチューターとなり、学部学生の教育について、得難い経験をすることができました。

ところで、クレア・カレッジの隣には、垂直式ゴシック建築で、国王ヘンリー六世によって建て始

図 4.8 (a)　私の送別会での PSC グループ長ヨッフェ（Abe Yoffe）さん（左）と超伝導のションベルグ先生（右）(1975 年 7 月 3 日).

図 4.8 (b)　私の送別会でのフォーカー・ハイネさん（右から 2 人目）と理論グループで親友のジョン・インクソン（John Inkson）博士（右端）.

められ（一四四六年）、ヘンリー八世のときに完成した（一五一二年）チャペルの存在で有名なキングス・カレッジ（King's College、一四四一年創立）があります。図4・9は、両親を一家で案内したときに撮ったチャペルの写真です。

シラバス（Syllabus）というものの存在を、そのとき初めて知りました。ケンブリッジ大学では、すべての講義はシラバスに沿って行われ、物理数学でも、シラバスに指定されたスケジュールで、教科書の一つの章が終わるごとに問題が宿題として出されます。学生はそれらをすべて解いて私の前で黒板に書いて説明をします。それを見ながら「ＯＫ」とか、解けない場合にはヒントを与えて解けるようになるまで教えるのです。ハイネさんは私が困らないように、カレッジの物理志望の学生の中で、最も優秀な学生を割り当ててくれました。

チューター制度はケンブリッジ、オックスフ

図 4.9　キングス・カレッジのチャペル（筆者撮影）.

ォード両大学のカレッジにおける独特の制度です。マスプロダクションの我が国の大学制度と比べて、学生の実力をつけるために実に行き届いた教育制度です。チューターたちは「学生の幸せ」を念頭に、そして「落ちこぼれ」にならないよう、熱心に指導していました。実に羨ましい制度です。

我が国の大学でも一九九三年の大学カリキュラム大綱化以降、シラバスの重要性が認識されていますが、キャベンディッシュ研究所（ケンブリッジ大学物理学部）では、学部の講義の内容は、毎年、学部の教育委員会のようなところで徹底的に議論して決定され、各授業はその内容に沿って行われていました。

さらに学年末の五月に期末試験がありますが、期末試験の問題は教えている先生が作るのではなく、試験問題作成委員会がシラバスに沿って出題するということでした。もしある科目で大勢の学生の成績が悪いと、教えている先生が査問委員会のようなところで、「どのように講義を行っているか」と査問されるそうです。日本の大学のように授業を受け持っている先生が出題をして、学生の成績が悪いと、学生の理解力が悪いとする我が国の大学の慣行とはまったく異なることを知りました。

キャベンディッシュ研究所の簡単な歴史

キャベンディッシュ研究所の歴史について、私の知る範囲で簡単に紹介します。キャベンディッシュ研究所は、一八七四年（明治七年）にマクスウェル（James Clerk Maxwell、図4・10）教授が創設しました（この項、以下敬称略）。それまではケンブリッジ大学の物理学は、数学と理論だけだったようですが、マクスウェルは実験を大変重視し、実験物理学の教育を行うため「Department of Experimental Physics」の建物が必要であると訴えたところ、当時のケンブリッジ大学総長（Chancellor）で、七代目デボンシャ（Devonshire）公爵のウィリアム・キャベンディッシュ（William Cavendish）はその主張を認め、六三〇〇ポンドを寄付しました。このお金でマクスウェルは、「実験物理学教室（Department of Experimental Physics）」の建物を町のセンター付近のフリースクール通り（Free School Lane）に建て、キャベンディッシュ研究所と命名したのです。

所長を兼ねた初代の「キャベンディッシュ・プロフェッサー」には、どのような人物が相応しいかについて規定ができ、選考委員会による選考が始まりました。選ばれたのは、当時熱力学、熱伝導などの研究で著名な、グラスゴー大学のウィリアム・トムソン（Sir William Thomson）教授でした。しかし、当時五〇歳であったトムソン教授は指名を断りました。なお、トムソン教授は後に爵位を受け、ケルビン卿（Lord Kelvin）となりました。ケルビン卿は熱力学温度の提唱者としても有名で、国際単位系の基本単位の一つ（ケルビン）に採用されています。今日の絶対温度です。

図 4.10　ジェームズ・クラーク・マクスウェル

図 4.12　レイリー

図 4.11　Old Cavendish Laboratory の建物（フリースクール通りにある）.

トムソンに断られた後、選考委員会はマクスウェルを初代の「キャベンディッシュ・プロフェッサー」に選びました。しかし、残念なことに、彼はその後健康を害し、五年後の一八七九年に四八歳の若さで亡くなりました。マクスウェルが授業で実験をして見せた教室は、「Maxwell Theatre」と呼ばれ、今も「Old Cavendish Laboratory」の建物の中にあります（図4・11）。講演会がTheatreであるときには、私はできるだけ出掛けて行き、往時を偲びました。

その後、キャベンディッシュ研究所では、キャベンディッシュ教授がその時代の物理学研究の方向性を決めていました。初代のマクスウェルが古典電磁気学、二代目のレイリー（Lord Rayleigh、在任期間一八七九—一八八四、図4・12）は音響、振動、表面波など、三代目のJ・J・トムソン（Sir Joseph John（J.J.）Thomson、一八八四—一九一九、図4・13）は電子の発見、原子物理学、四代目のラザフォード（Lord Ernest Rutherford、一九一九—一九三七、図4・14）が有核原子模型、放射性物質の化学、五代目のブラッグ（Sir William Lawrence Bragg、一九三八—一九五三、図4・15）がX線回折、生体物質の結晶構造、六

図 4.14 アーネスト・ラザフォード

図 4.13 ジョゼフ・ジョン・トムソン

図 4.16 ピパード

図 4.15 ローレンス・ブラッグ

図 4.17　新キャベンディッシュ研究所の玄関（上）とモット・ビルディング（下）.

代目のモット（一九五四―一九七一、図4・2）が物性物理、七代目のピパード（一九七一―一九八四、図4・16）が低温物理を研究の主テーマに選ぶことで、いつの時代も常に世界の物理学の研究をリードしてきたのでした。その証拠として、キャベンディッシュ研究所の創立以来二〇〇六年までに、二九人もの研究者がノーベル賞を受賞しています。

　また、所長の二代目のレイリーから六代目のモットまでがノーベル物理学賞か化学賞の受賞者です（ラザフォードはノーベル化学賞）。

　なおモットが所長のとき、マクスウェルの時代に建てた研究所の建物が世界における物理学の発展に対応していくには狭くなったということで、町の中心のフリースクール通りから、ケンブリッジの西の郊外の広大な地に、一九七〇年から七一年にかけて引っ越しをしました（図4・17）。

図4・17上が、新キャベンディッシュ研究所の玄関です（一九九〇年に撮影）。この建物がブラッグ・ビルディング（Bragg Building）で、二階は管理棟と図書館からなり、所長のピパード先生と私のオフィスは、二階にありました。一階左手は食堂、午前、午後のティータイムには、多くの研究者

が集まり、その日の研究の最新情報について、お茶を飲みながら侃々諤々の議論が行われたのです。この建物の右手には、モット・ビルディング（Mott Building、図4・17下があり、低温物理、金属物理、半導体物理、ＰＣＳグループ）など、物性グループの研究室や実験室は、すべて、この建物の中にありました。ＰＣＳグループ（一階）、モット先生のオフィス（ＰＣＳグループの中）、物性理論（三階）、半導体（二階）、低温物理（一階）の研究室がありました。ケンブリッジ大学では、ブラッグ第五代キャベンディッシュ・プロフェッサーまでは、ディラック（Paul A.M. Dirac）先生などの理論物理の研究者は、応用数学と一緒に、街中の応用数学・理論物理（Department of Applied Mathematics and Theoretical Physics）の建物にあり、モット先生が第六代キャベンディッシュ・プロフェッサーになられたときに、物性物理の理論は、実験物理と同じ建物内にあるべきということで、ここに述べた配置になったとのことでした。二一世紀になると、キャベンディッシュ研究所は変貌を遂げることになります。このことについては、第7章で述べます。

私は、完成したばかりの New Cavendish Laboratory で研究をすることになりました。街中の自宅から自転車で通いました。そして、一九七四年一〇月に着任早々、「電波天文学における先駆的研究」で、宇宙物理グループのライル教授（Sir Martin Ryle、サイテーションは観測および発明、特に開口合成技術）とヒューイッシュ教授（Antony Hewish、サイテーションはパルサーの発見に果たした決定的な役割）が一九七四年のノーベル物理学賞を受賞するというニュースが研究所に飛び込んできて、研究所としてのお祝いの案内がピパード所長から来ました。

私のオフィスと所長のオフィスの間にレセプションができる広間があって、数日後の夕方、その広間に研究所の人たちが大勢集まり、シェリーで乾杯をしました。「日本では、もっと大きなパーティでお祝いをする」という話をピパードさんにしたところ、「ケンブリッジでは年中行事だから、簡単に済ませるのだ」という答えが返ってきて、ギャフンとなりました。

キャベンディッシュ研究所は、二〇二四年に創立一五〇周年を迎えます。最近、そのために、有識者らにお願いして「二〇二四年において、キャベンディッシュ研究所が研究でも教育でも、依然として世界一であるためには、何をなすべきか」というテーマで議論を行いました。その結果、組織を大きく変えるとともに、「医学の物理学（Physics of Medicine）」をテーマにすべきという結論になりました。モット先生とのその後の交流、ならびにキャベンディッシュ研究所のその後の変革については、次章以降で述べることにします。

私は、ベル研究所では、オリジナルのアイディアをもって、世界の最先端の研究を先頭に立ってリードしていく意気込みを学びました。一〇か月間滞在したキャベンディッシュ研究所では、ニュートン以来、物理学という学問を長年にわたって作り上げ、それに基づいて次世代の物理学者を育成してきた伝統と、物理学なら自分たちに任せなさいという自負の意気込みを学びました。

そして、世界における物理学研究の最高峰であるベル研究所とキャベンディッシュ研究所で共通していることは、どちらも研究所のトップが、いつも二〇年先を見通して研究方針を立てていたことでした。政府の予算が単年度方式であることも影響しているかもしれませんが、長くても五年程度しか先を見ていない我が国の研究計画の立て方を根本的に改めないと、科学技術立国としての我が国の実力も世界のスーパー研究所の実力には太刀打ちできないのではないかと心配をしています。

ニュートンは、ガリレオ、ケプラー、デカルト三人の巨人の肩に乗って遠くを見ることができたといっていますが、私もキャベンディッシュ研究所に滞在してモット先生という巨人の肩に乗って、いつも遠くを見て俯瞰的に研究を進めるスピリットを学びました。このことはその後の私の人生に大きな影響を与えています。

こうして、モット先生やＰＣＳグループの研究者たちと実り多い共同研究を行うことができ、また八〇〇年に近い伝統をもつケンブリッジ大学のカレッジライフを垣間見て、一九七五年八月一八日に一家でロンドン・ヒースロー空港を後に、帰国の途につきました。

第5章　ナノサイエンス・ナノテクノロジーの時代
——半導体超格子とグラファイト層間化合物

モット先生のノーベル物理学賞受賞（一九七七年）

第4章で既に述べたように、モット先生は、一九七七年一二月一〇日にストックホルムにおいて、アンダーソン、バン・ブレック両先生とともに、「磁性体と無秩序系の電子構造の研究」で、ノーベル物理学賞を受賞しました（図5・1）。この年のノーベル物理学賞の受賞者名がスウェーデン王立科学アカデミーから一〇月一一日に発表されたとき、私がキャベンディッシュ研究所にお祝いの電話をかけたところ、あいにく先生は、マールブルク大学（当時は西ドイツ）のヨゼフ・スチューケ（Josef Stuke）教授の招待で、奥様とともにマールブルクに滞在中でした。数日後、改めてお祝いの電話をしたところ、「昨夜は、大変な数のシャンペンを開けての盛大なパーティで皆が祝ってくれて驚いた」と笑いながら話をされました。

翌一九七八年九月四日から八日までエディンバラで、第一四回半導体物理学国際会議が開催されることが既に決まっていました。それに先立って、スコットランドのセント・アンドリュースで、モット先生の受賞を記念して、「金属・非金属転移」をテーマに、第一九回スコットランド大学サマースクールを開催することになり、私もモット先生の推薦で一二人の講師の一人に選ばれました。このサマースクールの理念は、毎年スコットランドのある大学が幹事校になり、三週間、講師と参加者が起居を共にして、決めたテーマに関する知見を徹底的に深めていくことにあるとのことでした。

この年は、セント・アンドリュース大学で、八月七日から二八日までの日程で開催されました。講義は午前のみ、午後は遠足や自由時間、夕食後は参加者によるゼミというプログラムでした。私は「不純物バンドとアンダーソン局在状態での電子間相互作用」について、第二週に毎朝一コマ（六〇分）で四日間講義をしました。一般参加者は、欧州・米国・日本の大学教員、ポスドク、大学院生で、一〇〇人程度、全員が大学の寮に宿泊しました。私の宿泊した講師の宿舎は部屋が広く、二階で眺めもよく、快適でした。モット先生と同じフロアで、大きな広間を間にして真向かいでした。

午後のフリーな時間には、ニューコースでベル研以来大好きなゴルフを仲間とすることができ、夏時間で午後八時頃まで明るいので、ゆったりした気分でハーフ・ラウンドを回りました。セント・アンドリュースは、ゴルフ発祥のオールド・コースで世界的に有名なので、そこでゴルフをするのはとても無理と思っていました。ところが、申し込んでみると、次の日の午後二時にクラブハウスの前で籤に当たれば、翌日ゴルフができることがわかったのです。めでたく籤に当たって、サマースクールの参加者三人と一緒に一八ホールのゴルフをすることができま

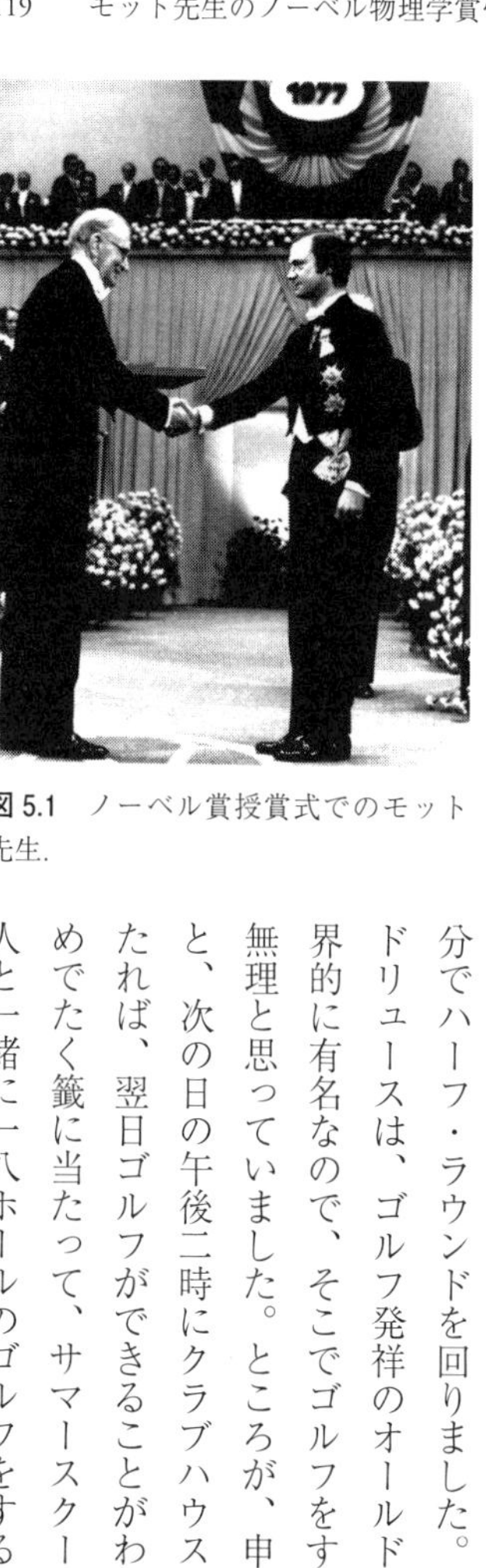

図 5.1　ノーベル賞授賞式でのモット先生.

した。一回の挑戦で当たったのはラッキーでした。

アンダーソン局在状態での電子間相互作用の効果

ケンブリッジから帰国後の一九七七年に、大学院修士一年に上村研を希望して、三人（上村研二人、植村研一人）の学生が入学しました。そのうちの山口栄一さん（現在京都大学大学院総合生存学館教授）は、アンダーソン局在状態を修士論文のテーマにしたいと希望したので、私と共同でアンダーソン局在状態における電子間相互作用を取り扱う一般的な方法論を構築することにしました。

得られた理論の主要な点を以下に述べます。アンダーソン局在状態の波動関数は、孤立した不純物の波動関数の重ね合わせの形で表されます。重ね合わせの係数の包絡線の関数形を、モット先生の提唱した関数形（第4章図4・5(b)）に選びました。この関数形を用いて電子間相互作用を計算すると、一つのアンダーソン局在状態に、反平行のスピンをもった二つの電子が来たときにエネルギーが高くなる相互作用（状態内相互作用と呼ぶ）と、異なった局在中心をもつアンダーソン局在状態の電子間の相互作用（状態間相互作用と呼ぶ）の二種類が現れます。

不純物濃度が金属・非金属転移を起こす転移濃度直前の濃度領域（中間濃度領域と呼ぶ）では、状態内相互作用（Uと記す）の方が状態間相互作用より大きくなります。そこで、第一近似として、状態内相互作用だけを考慮した理論を構築しました。その際、不純物バンドのエネルギー状態は、一番低い値から、移動度端のエネルギーE_Cまで、一様に分布しているとします（図5・2(a)）。このことを状態密度$D_1(E)$が一定の場合といい、式で表すと、$D_1(E) = N/W$と書けます。ここで、Nは単位体積当たりのドナー電子数、また$E_C = W$です。エネルギーがE_iのアンダーソン局在の電子状態をiと名付けると、このi状態を占有する電子のスピンと反対向きのスピンの電子は、状態iを占有することができますが、同じ向きのスピンの電子は占有することができません。これをパウリの原理といいます。ただし、反対向きスピンをもつ二番目の電子のエネルギーEは、電子間のクーロン相互作用U_iによって、$2E_i + U_i$となります（図5・2(b)）。二番目の電子の状態密度を添え字2を付けて$D_2(E)$とすると、$E_i = W$より高いエネルギーでは、$D_2(E) = 0$になる条件の下で計算した$D_2(E)$を$D_1(E)$とともに、エネルギーEの関数として図に示すと、パラメタWと$\bar{U}$が$W/\bar{U} = 6$の場合に、図5・2(a)の結果となります（注：U_iは状態iごとに異なるが、ここではその平均値0をパラメタとする）。Wと$\bar{U}$の物理的意味は、Wが不純物の分布の乱雑さの度合いを表し、$\bar{U}$が同じ状態内での電子間相互作用（電子相関）の強さを表します。この図で、フェルミ準位E_F以下の状態をN個のドナー電子が占有しています。そして、網目の領域は、同じ状態を二個の電子が占め、しかも二個の電子のスピンの和がゼロ（スピン一重項）の状態を示します。英語のDoubly occupied stateの頭文字を取って、D状態と呼びます。D状態では、図5・2(b)に示すように、

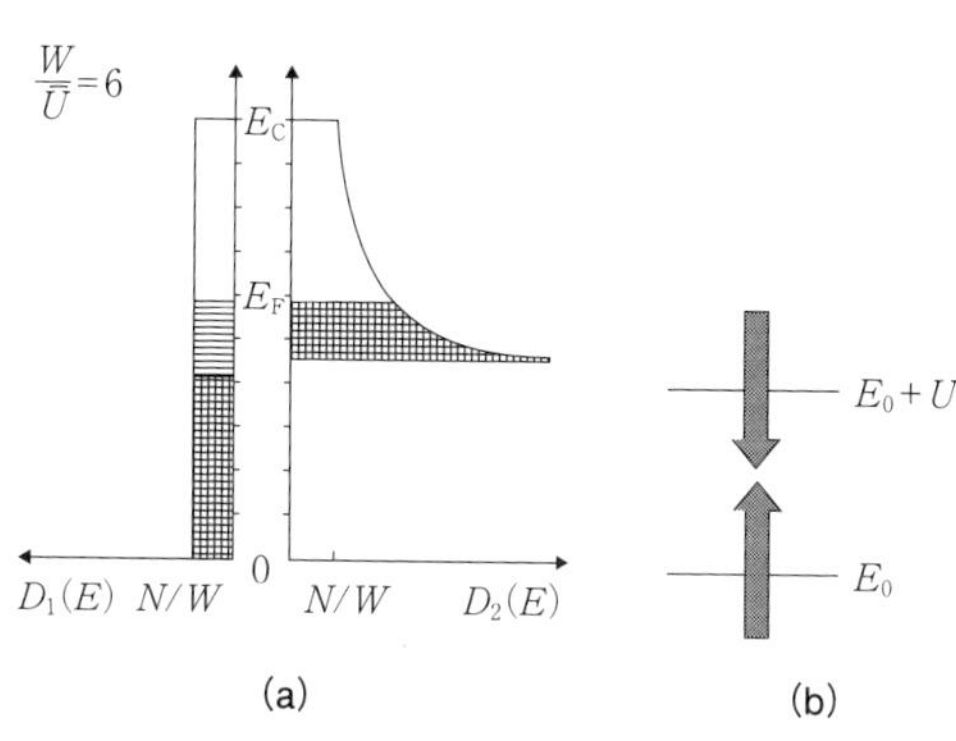

図 5.2　(a) 状態内相互作用が存在する時の不純物バンドのエネルギー状態. (b) 状態内相互作用$\bar{U}$とは，ここでは，$E_i = E_0$，$U_i = U$と記す.

第二の電子の軌道状態は、状態内相互作用（クーロン反発力$\bar{U}$）のために第一の電子の軌道状態（エネルギーE_0）より高くなります。そのとき、D状態の第一の電子の軌道状態は、図5・2(a)の左側の$D_1(E)$の網目の枠内に、また対応する第二の電子の状態は図5・2(a)右側の網目の$D_2(E)$の枠内に存在します。なお、議論が難しくなるので説明は省略しますが、第二の電子の波動関数は、モット理論の第4章図4・4(b)のように、軌道状態のエネルギーが移動度端に近づくにつれて広がるので、電子間相互作用は小さくなります。その結果、図5・2(a)の右側の第二の電子の状態密度$D_2(E)$は、一定値を示す左側の$D_1(E)$の形状と異なることになります。図5・2(a)で横線の領域は、一個の電子のみで占有されたスピン1／2の状態を表します。これらの状態は、一個の電子で占有されているので、英語のSingly occupied stateの頭文字を取ってS状態と呼びます。

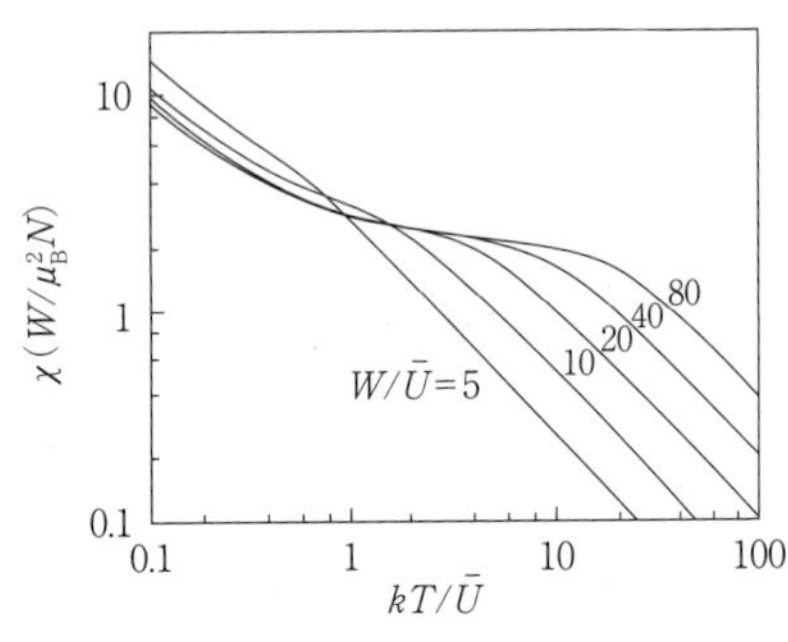

図 5.3　状態内相互作用の存在するときのスピン磁化率の温度依存性.

このようにして、不純物バンドのアンダーソン局在状態の領域では、乱れを表す量Wと状態内相互作用$\bar{U}$の絡み合いでドナー電子の状態が決まり、図5・2(a)に示したように、一個の電子が占めるスピン1／2の状態と、スピンを反平行にした二個の電子が占めるスピン一重項の状態が共存することを明らかにしました。この共存状態に基づいて計算したスピン磁化率と電子比熱の温度依存性をそれぞれ図5・3と図5・4に示します。

図5・3では、低温（$kT/W<1$）でスピン1／2のS状態の存在のために磁化率χ（ギリシャ語のカイ）はキュリー則を示し、温度が状態内相互作用$\bar{U}$の大きさより高くなると、S状態の効果は薄れ、フェルミ準位での状態密度の有限な値の効果によって、温度によらないパウリ磁化率の振る舞いを示すようになります。また、図5・4の電子比熱C_Vの温度依存性については、低温（$kT/W<0.05$）では温度に比例したフェルミ統計の温度依存性を示しますが、図5・2(a)の右側のD状態の大きな状態密度に対応して、比例係数の勾配が非常に大きいことがわかりました。これらの理論と計算結果は、アンダーソン局在状態について初めて明らかにされた事実でしたので、サマースクールではモット先生から「オリジナルなアイディアで深く感銘した」との言葉を頂き、講義後にも他の講師たちからも質問が続出して、完成度の高い理論を作った満足感がありました。

他方、不純物濃度が非常に薄い孤立した不純物濃度（一個の不純物）に近い場合の電子間相互作用については、ポスドクの名取晃子さん（現電気通信大学名誉教授）が主になって計算しました。孤立したドナー不純物がその濃度を増していくときに、二番目の電子をそのドナー不純物が束縛できるか否かについて、二人で議論を始め、スピンを反平行にしたスピン一重項状態を変分関数に選んで、n型のシリコンとゲルマニウムについて変分計算をしたところ、これらの半導体で束縛可能との結果を得ました。半導体中のこの状態を、真空中で安定に存在する水素のマイナスイオン

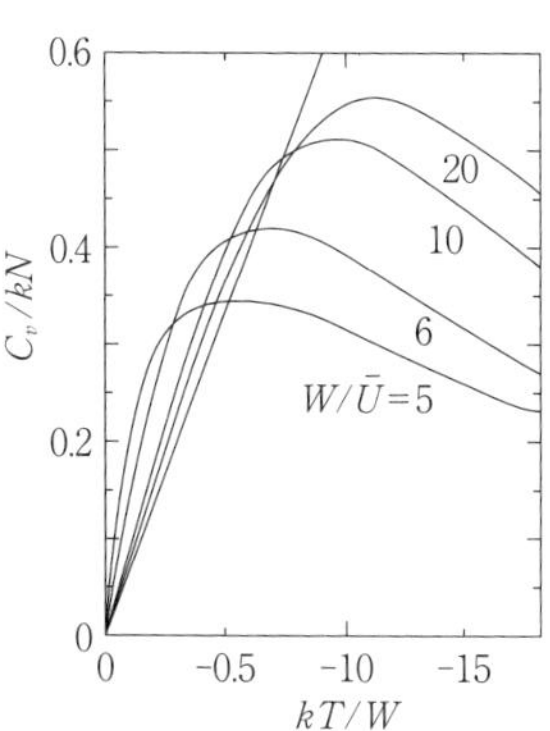

図 5.4　状態内相互作用の存在する時の電子比熱の温度依存性.

になぞらえて、「ドナー・マイナスイオンD^-」と命名しました。同じ時期に、大阪大学基礎工学部の成田信一郎教授から、博士課程三年の谷口雅樹さん（現広島大学理学部物理学科教授）が黒体輻射の実験で、「ドナー・マイナスイオン」らしいものを発見したという電話を頂き、名取さんと阪大に出掛けてチェックをしたところ、理論値と実験値がパラメタを導入せずに定量的に一致し、発見を確認しました。

「ドナー・マイナスイオン」が半導体で初めて見つかったというセンセーショナルなニュースは、九月八日からエディンバラで始まった第一四回半導体物理学国際会議の「不純物バンド」のセッションでも、大勢の参加者に伝わっていて、名取さんと谷口さんが続けて、それぞれ一五分ずつ講演をしたとき、会場から大変な反響がありました。私は、九月一一日からオックスフォード大学で開催された「半導体強磁場国際会議」で、冒頭のプレナリー講演のスピーカーに選ばれ、「ドナー・マイナスイオン」について一般聴衆のためにわかりやすく講演をしました。

私が英国オックスフォードのカレッジに滞在中に、*Journal of Non-Crystalline Solids*（非晶質の研究成果を掲載することで著名な学術誌）の編集委員会がありました。モット先生のノーベル賞を祝う記念特集号を出版することを決定し、プレナリー講演の内容をそのまま掲載したいとの要望がありました。私の寄稿は、モット先生の唯一の日本人共同研究者として、同誌三二巻、記念特集号（一九七九年）に掲載されました。これは大変な栄誉でした。

このように、一九七八年はモット効果で、八月七日から九月一六日まで四〇日間英国に滞在し、二つの国際会議とサマースクールに参加し、またキャベンディッシュ研究所にも三年ぶりに一週間ほど滞在して旧交を温め、実りの多い年となりました。第一四回半導体物理学国際会議の会期中に、国際純粋応用物理学連合（ＩＵＰＡＰ）半導体コミッションにより、一九八〇年の第一五回半導体物理学国際会議を京都で開催することが決定されたことは、日本人参加者には嬉しいニュースでした。

帰国直後、ＩＵＰＡＰ半導体コミッション委員の川村肇先生から、第一五回半導体物理学国際会議のための組織委員会幹事会（一〇月一四日）に出席するように要請がありました。そこで、組織委員会幹事会の構成が決められました[1]。私のポストは、総務幹事、Conference Secretaryという大役でした。また、この年の一〇月一日に、東京大学理学部教授に昇進しました。半導体国際会議のことは次章で述べることとして、ここではアンダーソン局在状態の研究の話に戻ります。

スピントロニクス時代の幕開け

アンダーソン局在状態にある電子系について、電子間相互作用を取り扱う一般的な方法論の中で、状態内相互作用を考慮した理論は、山口さんが修士論文に纏め、同時に*Solid State Communications*に発表しました。山口さんは、一九七九年三月に修士課程を修了して、武蔵野市にある当時の日本電信電話公社（現在の日本電信電話株式会社（ＮＴＴ））武蔵野通信研究所に就職しました。幸い、同じ年の四月に修士課程上村研に入学した黒部篤さん（現在東芝Ｒ＆Ｄセンター首席技監）が、この問

（1）委員長川村肇、副委員長植村泰忠、総務幹事上村洸、プログラム委員長豊沢豊、財務委員長佐々木亘、ローカル担当委員長成田信一郎、出版委員長田中昭二（以上敬称略）。

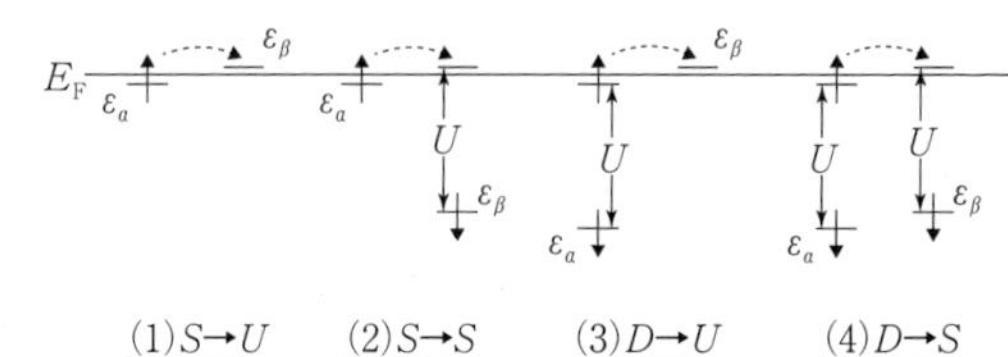

図 5.5　アンダーソン局在状態で，状態内相互作用が存在するときの磁気抵抗のメカニズム

（1）は，アンダーソン局在状態でスピン 1/2 の電子 1 個が占めた S 状態から，フェルミ準位 E_F を超えて，空（Unoccupied）のアンダーソン局在状態（U 状態と記す）に跳ぶ過程：$S \to U$.（2）は，スピン 1/2 の電子 1 個が存在する S 状態から，電子のスピンの向きが異なる S 状態に跳んでフェルミ準位 E_F の直上の空いている軌道を占め，スピン一重項の D 状態を終状態として形成する過程：$S \to S$.（3）D 状態でスピン一重項をつくる 2 個の電子のうち，エネルギーの高い軌道の電子がフェルミ準位 E_F の直下にあって，フォノンとの相互作用でフェルミ準位 E_F 直上の空いた状態へ跳ぶ過程：$D \to U$.（4）スピン一重項をつくる D 状態の 2 個の電子のうち，エネルギーの高い電子がフェルミ準位 E_F の直下にあって，フォノンとの相互作用で U 状態に跳び，その電子のスピンと向きが異なる S 状態に跳んで，スピン一重項の D 状態を作る過程：$D \to S$.

題に興味をもち、アンダーソン局在状態でのホッピング伝導および磁気抵抗を計算する理論を、状態内相互作用理論を用いて構築しました。磁気抵抗に関して黒部さんが考えたメカニズムを、よく引用される図（図5・5）を用いて説明します。

状態内相互作用の存在の下でのホッピング過程を図5・2(a)の状態密度の図を見ながら探してみましょう。フェルミ準位E_F直下の電子の詰まった状態から、フェルミ準位E_F直上の空いた状態へのフォノンによる

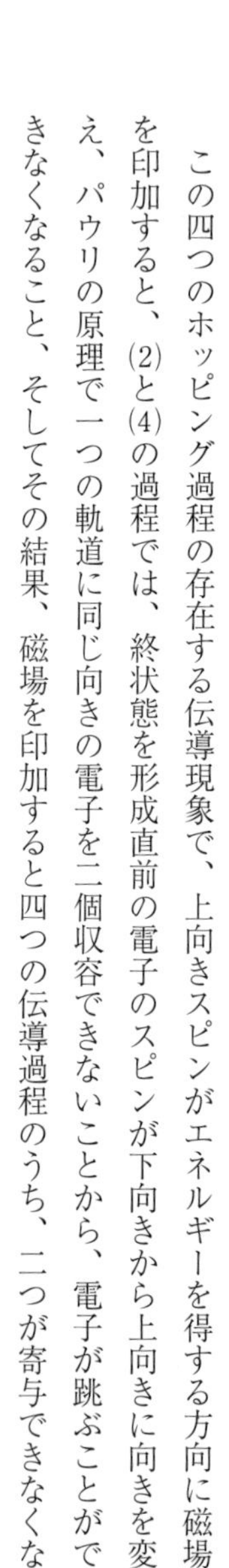
ホッピングの過程として、図に示す四つの過程が伝導に寄与することを発見しました。

この四つのホッピング過程の存在する伝導現象で、上向きスピンがエネルギーを得する方向に磁場を印加すると、(2)と(4)の過程では、終状態を形成直前の電子のスピンが下向きから上向きに向きを変え、パウリの原理で一つの軌道に同じ向きの電子を二個収容できないことから、電子が跳ぶことができなくなること、そしてその結果、磁場を印加すると四つの伝導過程のうち、二つが寄与できなくな

って、抵抗ρが増えることを示したのです。この現象を磁気抵抗の増加$\Delta\rho$といいます。図5・6に計算した磁気抵抗の磁場依存性を示します。磁場の弱い間は磁場の2乗に比例し、磁場が強くなると飽和する振る舞いを予言しています。このようにして、電子のスピン効果で半導体不純物バンドの磁気抵抗が磁場の二乗に比例して増加し、高磁場領域では飽和することを初めて示したのです。

モット先生も、先生の可変領域ホッピング理論に基づく黒部・上村の磁気抵抗の理論を高く評価されました。一九九一年に、東芝株式会社がケンブリッジに東芝ケンブリッジ研究センターを設立したとき、マイケル・ペッパー（Michel Pepper）博士が所長に就任しました。彼は、アンダーソン局在状態の実験サイドからの研究でモット先生と私の共同研究者であり、当時キャベンディッシュ研究所の研究教授でした。そして、黒部さんが初代の東芝ケンブリッジ研究センターの研究員として、東芝から出向して来たとき、研究センターの建物ができるまでは、キャベンディッシュ研究所のペッパー研究室に間借りして共同研究を始めました。その頃、私は銅酸化物で発見された高温超伝導のメカニズムについて議論をするため、日英共同研究でモット先生をしばしば訪ねていたので、一九九三年の春、ケンブリッジ高温超伝導研究センターで私が講演を行った際、黒部さんをモット先生に紹介しました（図5・7）。

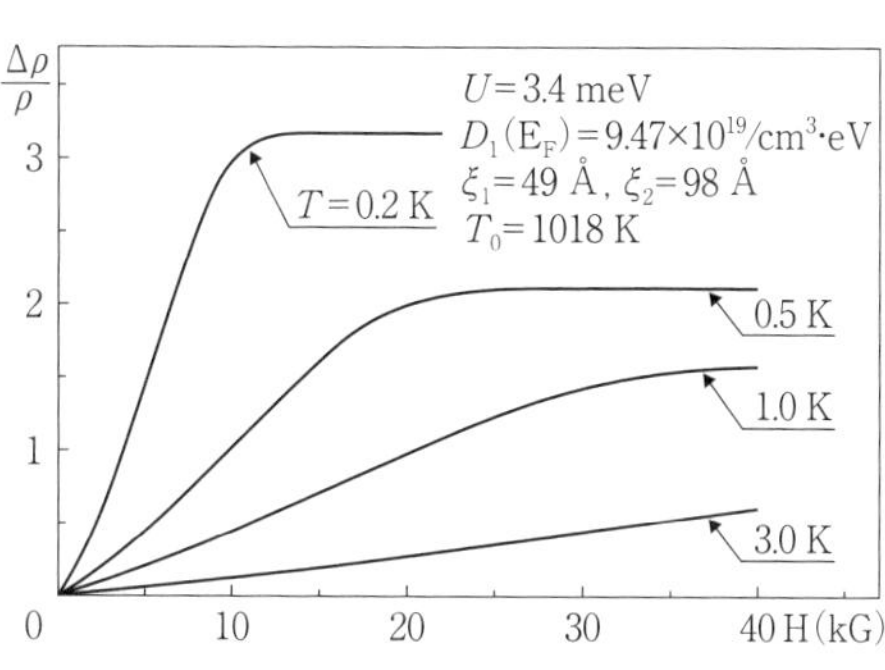

図 5.6　磁気抵抗の磁場ならびに温度依存性（スピントロニクスの誕生）．

図 5.7　モット先生（中央），黒部さん（左），筆者（1993 年 3 月，キャベンディッシュ研究所）．

黒部・上村の論文は、一九八二年に*Journal of Physical Society of Japan*（*JPSJ*）の五一巻に掲載されました。半導体におけるスピン効果を指摘した最初の論文として、今日でも高く評価され、半導体のみならず、ポリマーの分野の論文にまで広く引用されています。特にスピントロニクス時代の一九九五年以降、多くの物質で測定された磁気抵抗の磁場依存性に関する多くの実験結果が、図5・6に似ていることから、黒部・上村の式を用いて磁気抵抗のメカニズムがスピン効果か否かを定量的に議論する論文が多く見られるようになりました。磁気抵抗が定量的に計算できるため、半導体のみならず、いろいろな低次元新物質の磁気抵抗の実験を解析するのに便利なことが、黒部・上村の論文の引用率が高くなった理由かもしれません。

話を一九八〇年に戻します。四月に上村研博士課程に竹森直さん（修士課程の指導教官は植村泰忠先生）が入学し、アンダーソン局在の問題に興味をもち、上村・山口ハミルトニアンの状態内相互作用に加えて、局在中心の異なるアンダーソン局在状態間の電子間相互作用の効果を明らかにしようと計算を進めました。竹森さん（現筑波大学大学院数理物質科学系教授）は状態内相互作用も含めたハミルトニアンを実際の半導体の系に適用するため、六個のドナー不純物がランダムに分布した系で、金属・非金属転移直前の中間濃度領域を対象に計算機実験を行い、スピン磁化率と電子比熱の温度変化を計算し、リンをドープしたシリコンの系の実験結果と比較しました。

　計算機実験の結果は、電子比熱の温度依存性で、二度ケルビン以下の温度では、電子比熱の温度変化が温度に比例した直線から外れてこぶ状の異常が現れることを示しました。しかも、このこぶ状の部分が磁場に依存して変化する特徴を見出し、実験結果と一致したのです。ベル研のアンダーソン先生も、パトリック・リー（Patrick Lee）博士と共同でこの問題の解決に取り組んでいましたが、スピン三重項の効果を考慮していなかったため、こぶの盛り上がりが小さく、実験に合いませんでした。先生は竹森・上村の比熱の異常に関する論文[2]のプレプリントを読まれて、議論したいことがあるので、都合の良いときにベル研に立ち寄ってほしいと要望されました。一九八二年三月、テキサス州ダラスで開催されたアメリカ物理学会 March Meeting の後、三月一五日から一週間ベル研に滞在しました。三月一五日、まる一日の議論の末、アンダーソン先生はスピン三重項の重要性に同意されて、議論は決着しました。

　このように、上村・山口・黒部・竹森による研究は、スピントロニクス時代到来のはるか以前に、アンダーソン局在状態の電子間相互作用に起因する数々のスピン効果の重要性を予言して、世界の半導体コミュニティから高い評価を得ました。われわれの論文は、日本物理学会のジャーナル、米国物理学会の *Physical Review Letters*, *Physical Review B*、英国物理学会の *Journal of Physics C*、*Advance in Physics* など、世界各国物理学会の学術誌に掲載されました。その結果、私は不純物バンドのテー

（2）T. Takemori and H. Kamimura, *Solid State Communications*, 41, 885-888 (1982).

マで、世界の著名出版社のレビュー誌に執筆を依頼されたり、国際会議の招待講演や、ブラジル・カンピーナス大学のウィンタースクール（一九八三年二月）の講師に選ばれるなど、一九八〇年代前半は大変忙しくなりました。そして、一九八四年四月にはイタリア・トリエステにある理論物理国際センターの半導体カレッジの校長に就任し、また一九八五年から一九九〇年まで国際純粋・応用物理学連合半導体コミッションの委員長に推挙されて（二期六年）、半導体国際コミュニティで活動することになりました。この話も、次の章で詳しく述べます。

新物質登場と物質科学の誕生

（一）半導体超格子の誕生

キャベンディッシュ研究所に滞在していたときには、世界における物性物理の研究に関するニュースが絶えず飛び込んできました。さすが世界の物性研究の中心でした。その中で私が強い関心を惹かれたのは、装置さえあれば、実験室で簡単に新しい半導体の人工物質を作成できるというニュースでした。それは、ＩＢＭ研究所フェローで、一九七三年にノーベル物理学賞を受賞された江崎玲於奈博士と共同研究者のラファエル・ツ（Raphael Tsu）博士が、異なる半導体物質1と2を層状に積み重ねて、図5・8のように1次元方向に長周期構造をもつ「半導体超格子」と呼ぶ新しい半導体人工結晶を予言し、実験室で作成できる可能性を指摘した素晴らしい内容の論文でした（IBM Research Note RC–2418（1969））。

翌一九七〇年に、私のベル研究所時代の友人であるアーサー・ゴサード（Arthur Gossard）博士が、分子線エピタキシー（蒸着）法（Molecular Beam Epotaxy: MBE）を開発してMBE装置（図5・9）を作成し、実際に半導体超格子を作って、世界中を驚かせたのです。III-V族半導体のガリウム・ヒ素（GaAs）とアルミニウムヒ素（AlAs）の超格子物質を例に、どのように超格子が生成されるかを説明します。図のMBE装置では、10のマイナス10乗以下の超高真空中に基板を置き、これをヒーターで摂氏数百度に加熱します。Ga、Al、Asの金属原料を別々にルツボ状のセルに入れ、ヒーター線によって加熱・蒸発させます。蒸発したGa原子やAs分子は、Ga原子線やAs分子線となって高真空中を飛翔するため、衝突することなく基板に到達します。セルの前のシャッターによって、分子線のオン・オフを行うことで、原子層レベルでの組成制御が可能となり、一原子層ごとに異なる原子GaとAsを堆積することも可能となりました。

図 5.8　半導体超格子とは.

図 5.9　分子線エピタキシー装置.

こうしてGaとAsの層を交互に二〇層積み重ね、次にAlとAsの層を交互に二〇層積み重ねると、$(GaAs)_{20}(AlAs)_{20}$の超格子が基板の上に作成できるのです。バルクのGaAsの電子状態は、図5・10(a)に示すように、価電子バンドの頂上と伝導バンドの底は波数ベクトルkがゼロの値の位置にあります。このような半導体を、直接ギャップの半導体といいます。AlAs半導体も直接ギャップ半導体ですが、エネルギー・ギャ

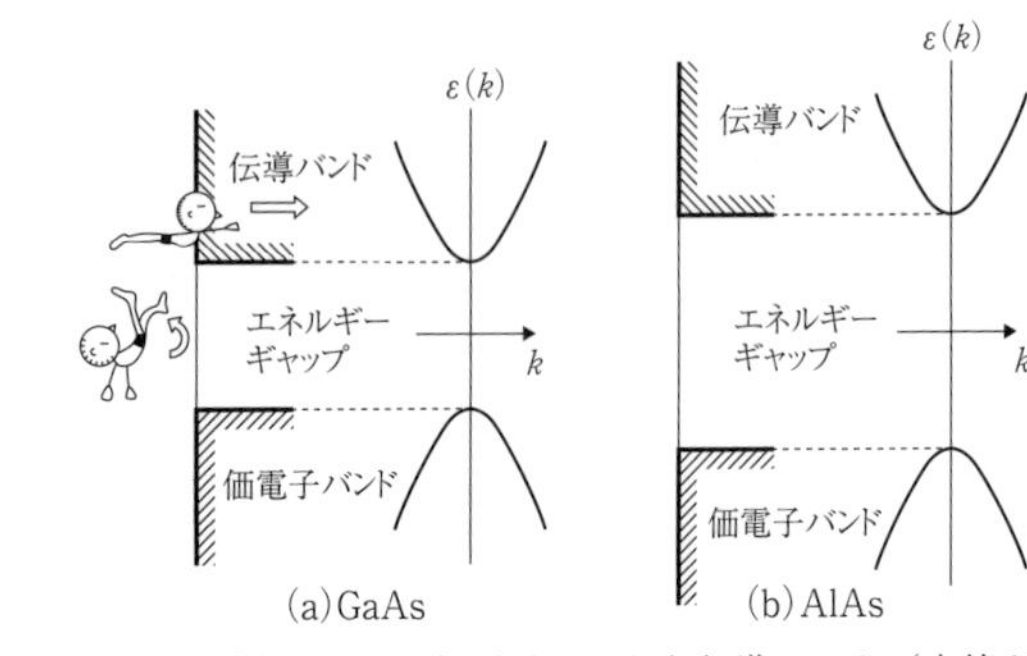

図 5.10　(a) GaAsの価電子バンドと伝導バンド（直接ギャップ半導体），(b) AlAsの価電子バンドと伝導バンド（直接ギャップ半導体）．

ップの値が図5・10(b)のようにGaAsのギャップの値より大きいのです。この二種類の半導体から図5・8のように超格子を作ると、GaAsの伝導バンド同士、あるいは価電子バンド同士が重なり、また半導体AlAsの伝導バンド同士、あるいは価電子バンド同士も重なって、$(GaAs)_{20}(AlAs)_{20}$の超格子中の伝導バンドの電子あるいは価電子バンドの正孔は、図5・11のような井戸型のポテンシャルを感ずることになります。その結果、伝導バンドの底のエネルギーが低く、価電子バンドの頂上のエネルギーが高いGaAsが井戸を形成し、伝導バンドの底のエネルギーが高く、価電子バンドの頂上が低いAlAsが障壁を形成することになります。井戸の厚さをL_W障壁の厚さをL_Bとすると、L_WとL_Bの大小関係によって、図5・12に示すように、電子を物質内の希望する層に閉じ込めたり（図5・12(a)）、あるいはトンネル効果で障壁を通り抜けて物質内を動き回ることが可能になることで（図5・12(b)）、研究者が作りたいデバイスが実験室で作成できるようになりました。このように、MBE法の凄いところは、原子層が一層の原子レベルの

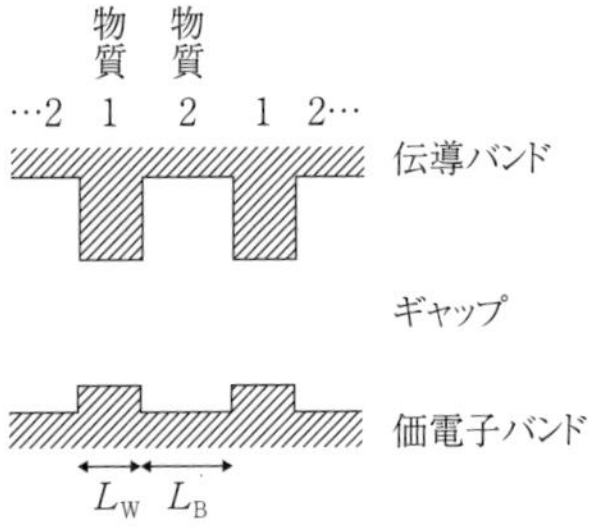

図 5.11　超格子のタイプ．

物質をはじめとして、人類が望む物質を実験室で作ることを可能にしたことでした。

ＭＢＥ法に似た結晶成長の方法として、有機金属やガスを原料として用いた結晶成長の方法も考案されました。この方法は、有機金属気相成長法（Metal Organic Chemical Vapor Deposition：ＭＯＣＶＤ）と呼ばれました。ＭＢＥ法に比べて、安定した膜制御が可能であり、超高真空を必要としないために装置の大型化が容易ということで、発光ダイオードや半導体レーザーをはじめとした光デバイスの商用製品の作成に多く用いられています。ただガスを使用するので、十分な注意が必要です。

こうして、単原子層の厚さの程度で組成が急激に変化し、電気的にも光学的にも良質でヘテロ接合をもつ単一界面や、その多層構造である超格子構造をもつ新しい物質が数多く設計、合成されるようになりました。単一界面といえば、その界面を動く電子は「２次元電子」といいます。「２次元電子」が活躍する代表的な半導体デバイスが金属（Metal）、酸化物（Oxide）、半導体（Semiconductor）を重ねたＭＯＳ電界効果トランジスタです。現在広く使われているトランジスタです。

金属と半導体の間にゲート電圧と呼ばれる電圧をかけると、電子あるいはホールの一方だけをキャリアとし、金属と半導体の界面内の二次元空間に閉じ込めて、２次元電子（またはホール）が誕生したのです。一九七〇年

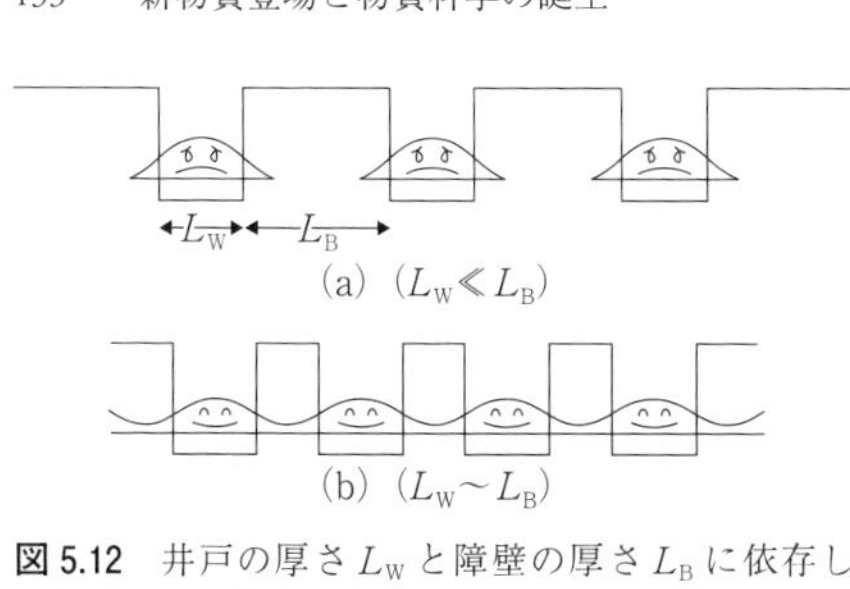

図 5.12　井戸の厚さ L_W と障壁の厚さ L_B に依存した超格子電子状態の特徴

(a) 単一井戸の特徴をもち，電子が井戸付近に局在（L_W より L_B の方がはるかに大）．(b) ミニバンドが形成され，電子が超格子内を伝播（L_W と L_B が同程度の大きさ）（東大大学院総合文化研究科教授・清水明氏が上村研の大学院生だったときに描いた挿絵）．

代の初め、植村研・博士課程大学院生であった安藤恒也さん（現東京工大名誉教授）は、東大の博士論文で、上記二次元電子系、特に強磁場下の電子系の特徴を解明した物理学を植村先生とともに完成し、後に述べる量子ホール効果の発見の端緒を築きました。この研究で安藤さんは、植村先生とともに一九八三年学士院賞を受賞しました。

ドイツのクラウス・フォン・クリッツィング（Klaus von Klitzing）博士（現マックスプランク研究所（スッツガルト）教授）は、「二次元電子」の安藤・植村理論を確かめようと、シリコンn型反転層の二次元電子系で実験を行い、一九八〇年に整数量子ホール効果の現象を発見し、この功績により一九八五年にノーベル物理学賞を受賞することになります。また一九八〇年代に、ホルスト・シュテルマー（Horst Störmer）、ダニエル・ツイ（Daniel Tsui）の両博士は、強磁場下の半導体超格子について量子ホール効果の実験を行ったところ、クリッツィング博士の実験結果と異なって、非整数の量子ホール効果の現象を発見しました。ロバート・ラフリン（Robert Laughlin）博士が、この現象の起源の解明から、分数量子ホール効果というまったく新しい物理学を構築し、一九九八年に三人でノーベル物理学賞を受賞することになります。

私は、このような新しい物質を作成して新しい物理学を構築する時代が到来したことを、洋服屋が人の体に合わせて洋服を作ることに準えて、「Tailor-made material age」と呼びました。このようにして、遂に人類は一原子（ナノメートル（10のマイナス9乗メートル））のサイズの物質を人工的に作ることができるようになったのです。その結果、高移動度トランジスタや量子井戸レーザーなどの新しいデバイスも登場し、ナノサイエンス・ナノテクノロジー時代の幕開けとなったのです。これを記念して、一九八二年九月に日本物理学会副会長に就任したとき、日本物理学会会員や企業の研究者を対象に、「半導体超格子の物理と応用」と題する講習会を企画し、翌年七月に開催しました。江崎玲於奈先生（当時米国ＩＢＭ研究所フェロー）にも講師をお願いしたため、会場が満席になるほどに盛況となり、大成功でした。

一九八〇年代になると、日本の半導体企業はＭＢＥやＭＯＣＶＤの装置を続々導入し、半導体超格子からさらに超微細なナノスケールの半導体製品が多数作られて市場に出回り、半導体基礎と応用の黄金時代が到来したのです。こうして、日本の半導体研究が一九八〇年代に世界一となるのです。

（二）グラファイト層間化合物から炭素物質科学・学問分野の形成

ここで述べた物質科学という新学問分野が誕生する息吹の中で、私はグラファイト層間化合物から、新しい炭素物質科学という学問分野を日本で発展させたいと考えました。グラファイトといえば、日常われわれが使用している鉛筆やシャープペンシルの芯の材料で大変なじみ深い物質です。芯に含まれているグラファイトが、紙の繊維にくっ付いて字が書けるのです。このようなグラファイトはミクロにみると、炭素原子が蜂の巣構造をした一つの層を作り（今日この一枚の層をグラフェンと呼びます）、それが積み重なった結晶構造をしています（図5・13）。

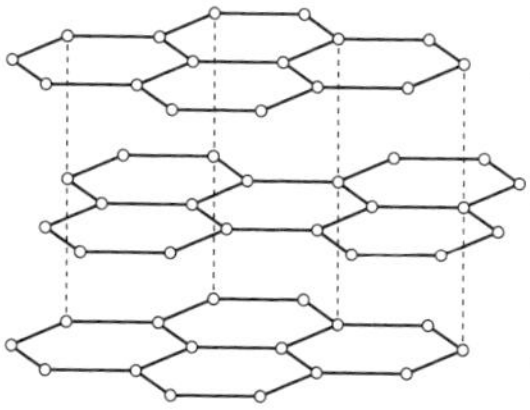

A
B
A

図 5.13　グラファイトの結晶構造.

グラファイトの層間結合力は非常に弱いので、この層間に異種物質を挿入することで、人工的に多種多様な金属物質を作ることができます。この層間に異種物質を挿入することをカレンダーに閏日を四年ごとに挿入することにならって、インタカレーション（intercalation）といい、新しくできた化合物をGraphite Intercalation Compounds（ＧＩＣ）と呼びます。日本語訳を「グラファイト層間化合物」と命名しました。

このようにして誕生したＧＩＣは金属物質ですが、グラファイトとも通常の金属ともその物性が著しく異なるために、新しい金属物質の誕生ということで物質科学の分野で大きな関心を集めました。グラファイトの層間に挿入される物質は多種多様で、グラファイトそのものから数百種類に及び、多彩な金属物質を作ることができます。一例として、カリウム（K）原子がグラファイトの各層間に挿入される場合を図5・14に示します。カリウム原子は、上下に炭素のない位置を占めるので、炭素八個に一個の割合で最密六方格子を形成し、したがって構造式はC_8Kと書きます。

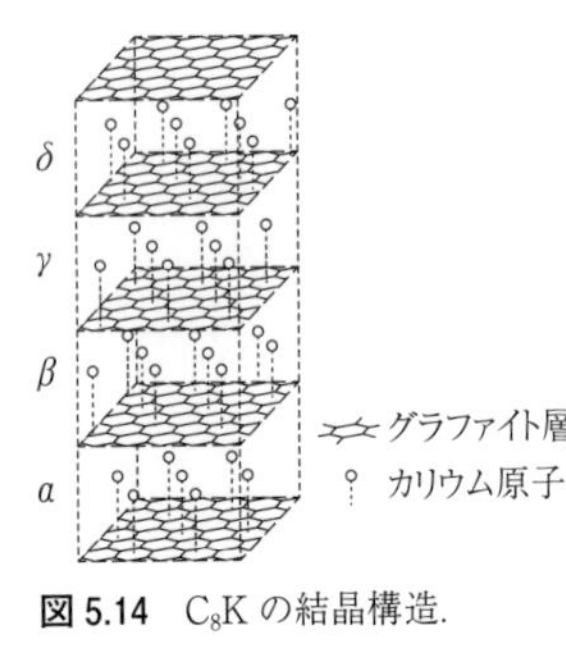

図 5.14　C_8K の結晶構造.

（三）リチウムイオン電池への応用

グラファイトの層間距離は、０・３３５ナノメートルですが、カリウムが挿入されると、隣り合うグラファイト層間の距離は０・５３５ナノメートルまで広がり、カリウムが抜けると、０・３３５ナノメートルに戻ります。インタカレートする原子、分子の出入りによるグラファイト層間の距離の可逆的な変化の特性は、リチウムイオン電池で知られるように、充放電を繰り返す二次電池の電極に適

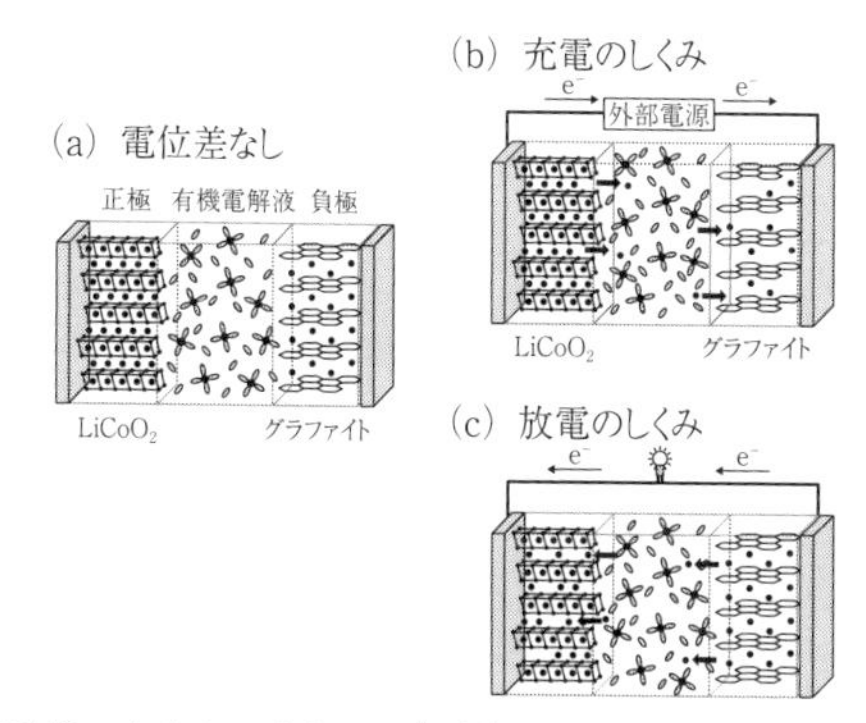

図 5.16　リチウムイオン二次電池のモデル構造（大野隆央氏の協力により作図）

(a) 電位差なしの状態．正極にリチウム遷移金属酸化物（ここでは，$LiCoO_2$），負極にグラファイトから構成されたリチウムイオン電池を示す．(b) 充電のしくみ．外部電源を通って電子が正極から負極に移動するとともに，リチウムイオンが有機電解液を通って矢印のように負極に入り，リチウムグラファイト層間化合物 C_6Li が形成されて，正極と負極間に電位差が発生する．(c) 放電のしくみ．正極と負極との間に放電回路を接続すると，図の電球が発光することにより，負極から正極に向かって電子が流れて，放電が始まったことがわかる．これに伴い，負極内のリチウムイオンは，矢印のように有機電解液を通って正極に移動して電子と結合し，リチウム遷移金属酸化物に還元される．

(a) 真横から見た図

(b) 真上から見た図

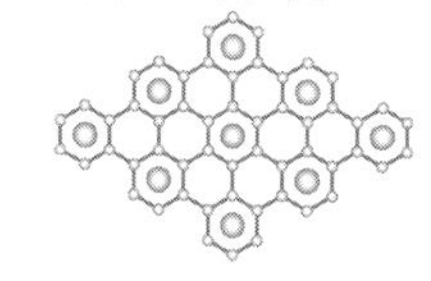

図 5.15　C_6Li の結晶構造（大野隆央氏の協力により作図）

(a) c 軸に垂直な方向から見た図で，グラファイトの各層間にリチウム原子（○印）がインタカレートしている．(b) c 軸に沿って上から見ると，インタカレートした層内で，炭素原子の作る正六角形の中心の位置に，リチウム原子を 1 つおきに配置している．したがって分子式は C_6Li となる．

していると して注目されるようになりました。一九八二年に東大上村研博士課程を修了した、国立研究開発法人物質・材料研究機構（NIMS）理論計算科学ユニット長の大野隆央（現NIMSナノ材料科学環境拠点（GREEN）コーディネーター／グループリーダー）博士が、大学院時代にバンド構造を計算したリチウムGIC、C_6Liの結晶構造を図5・15に示します。

リチウムイオン電池の電極は、正極、負極ともに層状化合物です。負極はC_6Li、正極はコバルト酸リチウム（$LiCoO_2$）、ニッケル酸リチウム（$LiNiO_2$）などリチウム遷移金属酸化物で、層間にリチウムイオンをインタカレート可能な構造になっています。リチウムは、水と激しく反応するので、リチウム電池では、有機系の電解液が使用されています。リチウム原子から電子を放出したリチウムイオンが、電極間を往復することで、正極と負極を結ぶ回路に電子が流れて、電流が発生するので、電池の充電・放電の電池反応が起こります。図5・16は、そのようなリチウムイオン電池の充電・放電の仕組みを説明したものです。

一九七九年の終わり頃、東大物性研究所の田沼静一先生のグループと私が放送文化基金から助成を受けた研究費で、当時田沼研ポスドクだった大貫惇睦さん（現大阪大学名誉教授）が、リチウム金属を正極、層間化合物を負極として有機電解液に浸し、リチウム電池を東大物性研究所の実験室で試作しました。しかし、充放電を二〇〇〇回近く繰り返すうちに正極のリチウム金属の板に穴が空いて成功しませんでした。現在のリチウムイオン電池が成功したのは、正極にも層間化合物を用いたことによります。

今から四十数年前の一九七五年に、ケンブリッジ大学で存在を知り、日本に紹介した「グラファイト層間化合物」は、一九八〇年代に文部省の特別推進研究に選ばれて、ＧＩＣの物理学や物質科学を画期的に発展させることができました。その研究成果がリチウムイオン二次電池に応用され、現在では多くの人々の日常生活にも役立っているのです。

（四）第一原理計算による第一ステージカリウムＧＩＣのバンド構造

このようなＧＩＣには、通常の金属物質に見られない特徴があります。それは、ステージ構造の存在です。図５・17に見るように、挿入物質が定まった枚数のグラファイト層を隔てて、規則正しい積層をなして超格子型の化合物をつくることです。これをステージの存在と呼び、グラファイト層n枚ごとに挿入物質の存在する化合物を第nステージ化合物と呼びます。この呼び方に従えば、図５・14のC_8Kおよび図５・15のC_6Liの正式物質名は、それぞれ第一ステージカリウムおよびリチウム・グラファイト層間化合物となります。

一九七五年八月に英国から帰国早々、私は修士一年の井下猛さんに、第一ステージカリウムＧＩＣのバンド構造の計算を修士論文のテーマとして与えました。ＧＩＣを形成する際の凝集力は、図５・18に模式的に示すように、カリウム層からグラファイト層への電荷移動によって生ずる静電引力をはじめとする種々の相互作用です。井下さんのときには、電荷移動の量が未知でしたので、実験結果を説明できるように経験値を採用しました。

二年後、修士課程に大野隆央さんが入学した頃は日立ハイタック大型電子計算機が登場して第一原理計算が可能となり、ＧＩＣのバンド構造を第一原理から計算する方法論を構築しました。この方法は、アルカリ原子からグラファイト層への電荷移動の効果を電子に

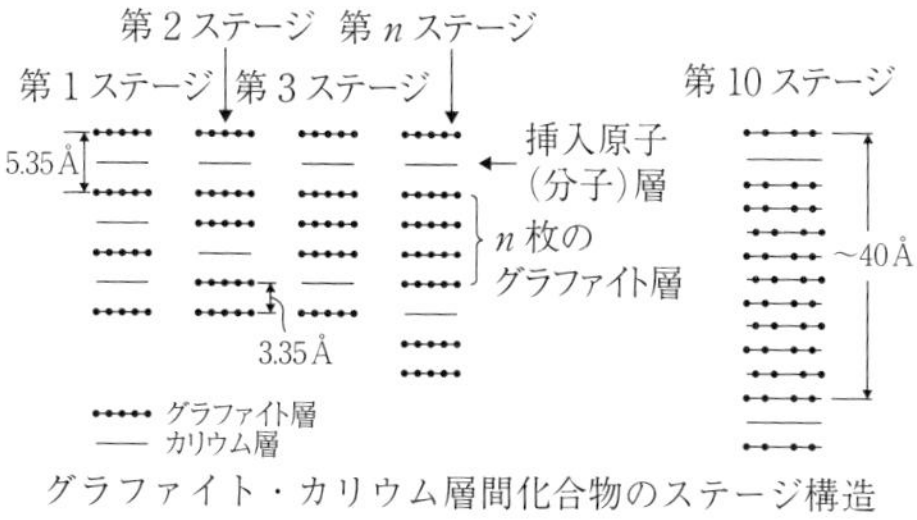

グラファイト・カリウム層間化合物のステージ構造

図 5.17　グラファイト層間化合物のステージ構造.

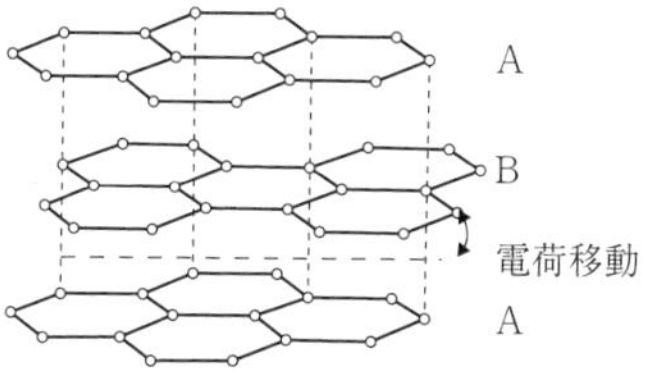

図 5.18　電荷移動による層間化合物形成のメカニズム.

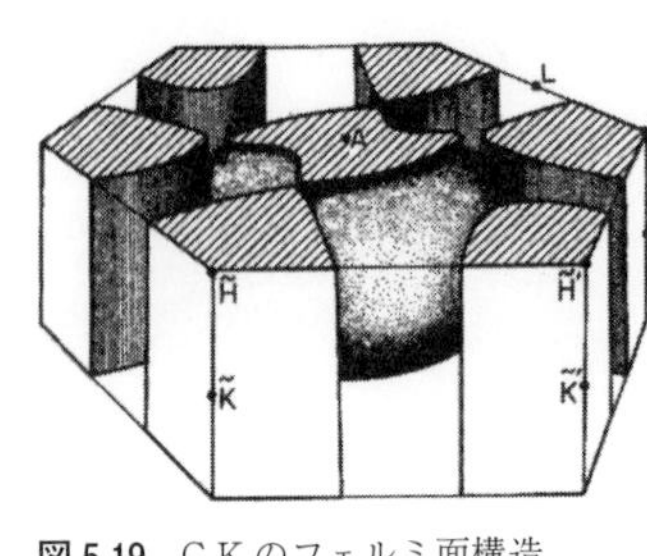

図 5.19　C_8K のフェルミ面構造.

対するポテンシャルの中に取り込み、運動量空間（ブリュアン域）でグラファイトとカリウムのバンドの相対的位置を自己無撞着に決定するものでした。その結果、電荷移動の値も非経験的に決定できました。こうして、パラメタなしにバンド構造を計算できたことから、層間化合物の電子状態を決める第一原理計算の結果は注目されるようになりました。これ以後、上村研の院生たちの活躍で、第一原理計算物理が大いに発展することになります。

大野さんの C_8K の自己無撞着第一原理バンド計算の結果が、井下さんの経験的バンド計算の結果とほぼ一致したことから、井下さんの計算したフェルミ面構造（運動量空間で伝導電子が占める領域）の正しいことが証明されたのです。そのフェルミ面の形状を図5・19に示します。正六角柱のブリュアン域の柱に沿ってグラファイトの性格（二次元的）をもった三角柱状のフェルミ面と、中央に3次元的性格をもった球状のフェルミ面が存在する美しい形状でしたので、オランダで開催されたＧＩＣ国際会議のプロシーディングズの表紙に選ばれて、大変評判となりました。

（五）グラファイト層間化合物が特別推進研究に

ちょうどその頃（一九七九年）、「国際的に高い評価を得て、ノーベル賞をとれる可能性のある研究に大きな研究費を与え、二ないし三年間で研究成果を挙げてもらう」という、科学研究費の画期的なプロジェクトの試行が文部省学術審議会で決まりました。それが「特別推進研究」です。研究者の選び方は、これまでの科学研究費の公募制とは異なり、学術審議会の委員が推薦者となり、学術審議会・科研費企画部会の審査で決定するというものでした。

当時、物性物理の分野には、物性グループの会員が選挙で決めた委員からなる「物性小委員会」という、物性研究の将来像を決めるための組織があり、当時大阪大学理学部教授だった伊達宗行さん（現大阪大学名誉教授）が委員長でした。私も以前に、若手代表ということで委員を務めたことがあります。

伊達さんは多様で未知の物性を示し、ステージ構造の相転移を示すグラファイト層間化合物の新物質群の研究が日本の研究者によって推進され、世界をリードしていることを高く評価し、これを特別推進研究の候補にしてはどうかと、学術審議会委員の久保亮五先生に推薦されました。久保先生もこれを高く評価、推薦人となって、われわれのＧＩＣの研究が物理の分野からの昭和五六（一九八一）年度・特別推進研究として、学術審議会に提案されました。

ノーベル賞を狙う研究ですから、人数は少人数でした。テーマは、「グラファイト層間化合物の研究」です。当時物性研究所教授の田沼静一先生（後に東大名誉教授）が研究代表者になり、私が「電子構造ならびにステージ相転移に関する理論」、寿栄松宏仁さん（当時筑波大学物質工学系助教授、後に東大理学部教授、現東大名誉教授）が「結晶合成および結晶構造」、池田宏信さん（当時お茶の水女子大学理学部助教授）が「磁性、構造相転移」、高橋洋一さん（当時東京大学工学部原子力工学科教授、現東大名誉教授）が「反応性とその応用」というテーマで、班員として選ばれました。全員で五人でした。

「特別推進研究」発足の最初の年（一九八〇年）に選ばれたのは化学のチーム、一九八一年に推薦されたチームは、物理と化学関係が六チーム、生物関係が四チームでした。一九八一（昭和五六）年一〇月一日にヒアリングが行われました。その日、田沼先生が中国出張で不在だったため、私が研究代表者代理として、その他、寿栄松さんと池田さんの二名と、推薦人の久保亮五先生が出席しました。

発足して二年目でしたから、当時文部省も特別推進研究を目玉の事業として力を入れていたように思います。そこで、ヒアリング形式の審査になったのではないでしょうか。ヒアリングの主催は、文部省学術審議会・科学研究費分科会企画部会（部会長は長倉三郎先生）、場所は文部省の隣の教育会館でした。われわれが六チームの最初で、午前一〇時一〇分―一一時でした。まず久保先生が推薦理由を述べ、ついで私が研究の意義と内容を説明、それに対して長倉先生と審査委員の三人の先生方から質問がありました。最後に「この研究でノーベル賞はとれますか」と聞かれたので、「ノーベル賞というのは、こちらは目指していますが、とれるかどうかは相手が決めることです。しかし内容としてはもちろん世界一を目指していますから自信はあります」と答えました。

われわれのチームは合格し、二年間で当時のお金で一億八〇〇〇万円という大きな研究費を頂き、研究を始めました。試料がないと実験研究を始めることができませんから、初年度に全研究費の半額に近い七二五〇万円を寿栄松さんグループに配分して、試料作成の装置を購入しました。寿栄松さんの大変な尽力で、一年目に多種多様なＧＩＣ物質の試料を多数作成することに成功しました。田沼先生がいろいろな分野の物性研究者に声をかけて勧誘したところ、多くの物性研究者がＧＩＣの新物質に大変興味を持ち、たちまち四〇を超える実験グループが協力して、われわれの特別推進研究を支えることになりました。好奇心の旺盛な研究者が日本に大勢いることを知り、大変心強く思いました。

理論グループとしては、上村・植村研と筑波大学物質科学系・中尾憲司研究室の大学院生・助手が参加して、ＧＩＣの示す奇妙な現象やエキゾティックな諸物性の起源を理論の立場から明らかにすることに大きな貢献をしました。上村研では、特別推進研究の五〇〇万円の予算で、デックの中型コンピュータを購入し、博士課程院生の黒部篤さんと齋藤理一郎さんが計算のために作成したプログラムソフトによって、大勢の院生が第一原理計算を行って博士論文を完成することができました。ＧＩＣのテーマでは、井下猛、大野隆央、齋藤理一郎、明楽浩史の四人が理学博士の学位を取得しました。

具体的な研究内容を簡単に述べます。井下さんは、高ステージＧＩＣにおける電子・格子相互作用と電気抵抗の温度依存性の異常性の起源を明らかにしました。大野さんは、図5・19のフェルミ面構造で、中央の3次元的フェルミ面の性格がカリウムの性質ではなく、グラファイトの性格をもつことを明らかにしました。すなわち、グラファイトでフェルミ準位よりはるかに高いエネルギー状態で、しかもグラファイト層間で電子密度の大きい状態（インターレイヤー・バンドと命名しました）が、電荷移動でプラスイオンとなったカリウム原子との静電引力相互作用でエネルギーを得して、フェルミ準位以下まで低くなってフェルミ面を形成することを、実空間で波動関数・電荷分布を第一原理から計算することによって示したのです。図5・20に、インターレイヤー・バンドの電荷分布が結晶構造のｃ軸に沿った面内で、どのような値を示すかの計算結果を示します。

この図には示しませんが、結晶のｃ軸に垂直な面内で計算した電荷分布の値を調べると、最も電荷

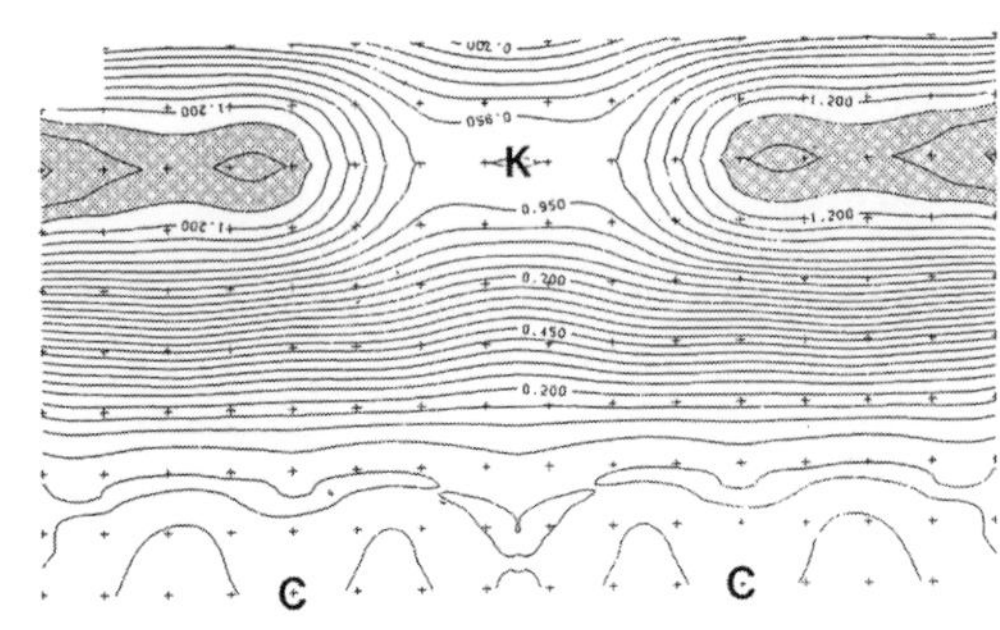

図 5.20　C_8K 中の電荷分布の計算結果（結晶構造を横から見て）

C_8K におけるインターレイヤー・バンドの存在を示す電荷分布（第一原理計算の結果）を示す．この図では，電荷密度の値が示されている．グラファイト層間のカリウム層で高くなり，カリウム層の中では，プラスの電荷をもったカリウム原子の周囲で最も高くなっている．

密度が高い領域が、カリウム原子の周りに、六回対称で分布しています。図5・20の結果と合わせると、図5・19に示したブリルアン域の中央の球状のフェルミ面はフェルミ準位以下で、グラファイトの性格をもったインターレイヤー・バンドを占有する電子によって形成されていることが明らかになったのです。C_8K のフェルミ面ですから、誰もが中央の球状のフェルミ面はカリウムの性格と思っていたので、まったく予想していなかった計算結果が報告されて、GICの研究者に衝撃を与え、この特別推進研究の成果のハイライトの一つとなりました。

その他の理論の顕著な成果として、齋藤理一郎さん（現東北大学大学院理学研究科教授）は、軌道帯磁率のステージ依存性の起源を第一原理計算で定量的に明らかにしました。また、明楽浩史さん（現北海道大学大学院理学研究科教授）は、カリウム原子とルビジウム原子の混晶系GICのバンド構造を第一原理で計算し、混晶比の特定の値で起こる異常ソフトニングの起源が状態密度の特異点によることを明らかにしました。

次に、実験でハイライトになった研究成果は、寿栄松さんのグループによるX線回折によるその場観察で、カリウムＧＩＣについて、図５・21に示すようにステージ構造を鮮明に示した実験結果でした。この画期的な結果で、寿栄松さんの名声はＧＩＣ研究者の世界に広まりました。この実験では、(b)に示すように、アルカリ金属（ここではカリウム）とグラファイト試料を真空のガラス管の中に入れ、グラファイトの温度T_Gを一定にし、カリウム金属の温度T_Kを上昇させて、カリウム・ガスをグラファイト側に運ぶと、望むステージのカリウムＧＩＣが生成されるのです。(a)に示すように、ステージ数を温度差（T_G-T_K）の関数としてプロットすると、ある温度差の領域では決まった整数ステージの純粋相のみが現れ、異なったステージ数が混じった混合相が存在しないことを明瞭に示しています。

このように、特別推進研究での特筆すべき成果は、理論ではインターレイヤー・バンドの発見、実験ではステージ構造を鮮明に示した実験結果でした。その他に、スピンをもった希土類原子や遷移金属原子をインタカレートした磁性ＧＩＣの研究もハイライトの一つです。伊達宗行さんはユーロピウム（Eu）原子をインタカレートした、第一ステージ・ユーロピウムＧＩＣの磁性の研究に取り組みました。この物質では、Euからグラファイトに電子が二個移り、スピン７／２の磁性イオンとなって、層内で三角格子を作ります。そして四〇度ケルビン以下の温度で反強磁性を示し、

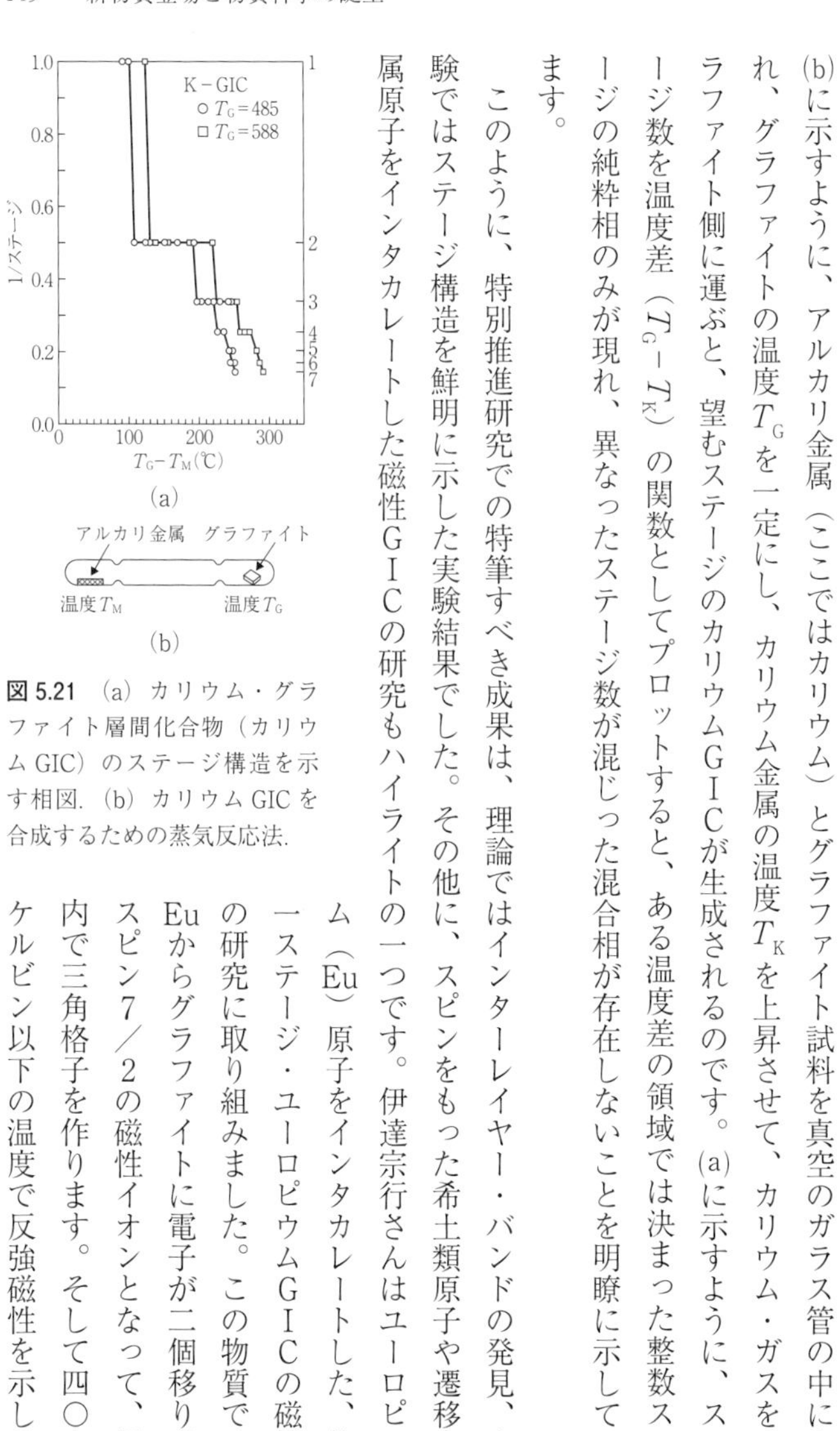

図 5.21　(a) カリウム・グラファイト層間化合物（カリウム GIC）のステージ構造を示す相図. (b) カリウム GIC を合成するための蒸気反応法.

興味深い磁化過程を示すこと、四次のスピン相互作用で、この磁化過程が説明できることを示しました。

外国でも、ＧＩＣの研究に関して若手研究者が活躍しました。印象に残っているのは、カナダ・バンクーバーにあるサイモン・フレーザー大学（Simon Fraser University）のジョージ・カズノフ（George Kirczenow）博士とペンシルバニア大学のデーヴィッド・ディヴィンチェンゾ（David DiVincenzo）博士の二人です。カズノフ博士は、モンテカルロ法による計算機実験で、ステージ構造がどのようにしてできるかを鮮やかに示しました。ディヴィンチェンゾ博士は、指導教員のラビ（Sohrab Rabi）教授とともに、C_8K のフェルミ面構造について、中央の球状のフェルミ面は存在しないという、われわれの計算結果と異なる結果を発表して、論争を挑んできました。研究は真剣勝負ですから、これまで想像もしなかった新しい興味ある結果が出たときは、ディヴィンチェンゾ博士のように、その結果が正しいか否かの追試を行います。しかし、彼らのフェルミ面の計算は、電荷移動に関して自己無撞着の計算を行っておらず、インターレイヤー・バンドの高いエネルギー状態まで考慮していなかったことがわかり、同時に後述の電子エネルギー損失分光法の実験結果とも一致しなかったので、論争に決着がつきました。カズノフさんは、上記の研究で注目され、若くしてサイモン・フレーザー大学の教授になりました。ディヴィンチェンゾ博士は、Ph.D. 取得後、ＩＢＭワトソン研究所に就職して、量子コンピュータの理論研究で、世界的に有名になりました。

ＧＩＣについてのわれわれの特別推進研究は、当時、上村・中尾研究室とサイモン・フレーザーならびにペンシルバニア両大学の優秀な若手大学院生が計算物理の手法で、また五〇人に近い種々の分野の物性実験の中堅研究者が共同研究者として参加したため、二年という短い期間にもかかわらず研究成果が大いにあがりました。そして、そのエキゾチックな物性はほぼ解明でき、ＧＩＣの新物理学が構築されて、あっという間に特別推進研究は終わりました。

このような優秀な研究者の人集めができたのは、顔が広く、物理学への造詣が深かった田沼先生の人徳のお蔭でありました。私もそうでしたが、先生に声をかけられて話を伺っていると、何となく面白くなって好奇心をくすぐられ、研究を一緒にやろうという心境になるのです。実に不思議な魔力を持った先生でした。

また、この特別推進研究が引き金となって、世界のＧＩＣ研究者と心の通い合う交流ができたことも、大きな成果だったと思います。全世界のＧＩＣ研究者を包含して研究を推進することを文部省の担当者も認めてくださり、世界中の研究者に読んでもらうため、特別推進研究の報告書を英文で執筆することも許して頂きました。こうして、"Graphite Intercalation Compounds, Progress of Research in Japan" edited by S. Tanuma and H. Kamimura と題する英文の特別推進研究報告書を一九八五年にシンガポールのワールドサイエンティフィック（World Scientific）出版社から出版しました（図５・22）。なお、推薦制による特別推進研究のプログラムは間もなく終わり、現在は公募制に変わったということです。

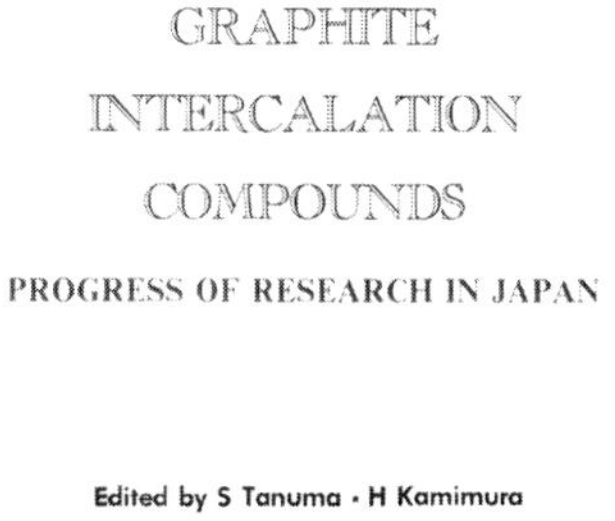

GRAPHITE
INTERCALATION
COMPOUNDS
PROGRESS OF RESEARCH IN JAPAN

Edited by S Tanuma · H Kamimura

図 5.22　特別推進研究報告書の表紙.

図 5.23　1985 年筑波で開催された GIC 国際会議終了後，つくば万博 EXPO'85 を訪ねた参加者（後列両端，田沼先生夫妻，田沼夫人の左隣，復旦大学物理学科教授葉令さん，前列右端小間先生）.

我が国初めてのＧＩＣ国際会議

上記の日本における目覚しい成果を世界のＧＩＣの研究者が認めて、ＧＩＣ国際シンポジウムを日本で開催することになりました（一九七七年にフランスのラナプール（La Napoule）で第一回が、一九八〇年に米国で第二回が開催された）。このシンポジウムは、つくば万博ＥＸＰＯ'85の時期に重ねて、一九八五年五月二七—三〇日に筑波で開催することになったため、シンポジウムの参加者はつくば万博も見物することができました（図５・23）。

ＧＩＣに関する日仏二国間シンポジウム

そもそも、ＧＩＣの研究は、フランスの化学者たちによって発展してきました。そこで、私はフランスのＧＩＣ研究者に敬意を表したいと思い、一九八五年一〇月八—一一日に開催の日仏学術シンポジウムの物理学部門で、ＧＩＣをテーマとすることを提案しました。場所はパリ市の中心、パンテオンのすぐ近くにあるフランス高等師範学校（École normale supérieure）、私が日本側代表者、私の友人のジュリアン・ボック（Jurian Bok）教授とクロード・リゴー（Cluad Rigaux）教授がフランス側代表者となりました。日仏学術シンポジウムは大変格式が高く、フランスの主催者はフランス外務省とフランス国立科学研究センター（Le Centre national de la recherche scientifique：ＣＮＲＳ）、日本側は日本学術振興会（ＪＳＰＳ）でした。日本側の参加者は、ＪＳＰＳの規定（最大七人）で、田沼さん、寿栄松さん、久米潔さん（現東京都立大学名誉教授）、松浦基浩さん（現京都工繊大学名誉教授）、大野隆央さん、齋藤理一郎さん、私の七人でした。フランス側からは、ＧＩＣ化学の創始者のエロルド（A. Herold）教授をはじめ、ＧＩＣ分野の錚々たる大家が大勢出席しました。私は、冒頭フランス側の要請で、インターレイヤー・バンドについて話をしましたが、光電子分光を専門とするフランスの若手研究者クリスティアン・フレティーニ（Christian Frétigny）博士が、この話に大変興味を持ちました。彼の実験装置では、エネルギーの高い領域にあるインターレイヤー・バンドの存在を見つけることができなかったので、どうして C_8K では、フェルミ準位より低いエネルギーまで下がってくるのか、そのメカニズムの理論の詳細を知りたいとのことでした。そこで二週間の滞在中に、彼のEcole Superieure de Physique et Chimie Industrielle の研究室を訪ねて意見交換をしました。そこは、キュリー夫人の研究所として有名で、私の友人のド・ジャンヌ（P.G. de Gennes）教授が所長をしていました。

議論をしているうちに、フレティーニさんは「自分は実験家ではあるが、第一原理計算の方法をあなたの研究室で学び、グラファイトのバンド計算を実際に行って、インターレイヤー・バンドの存在を自分自身で確かめたい」と言いました。フレティーニさんとはこのシンポジウムで初めて会ったのですが、一九七三年に私がモット先生を訪ねて、キャベンディッシュに行きたくなったのと同じ気持ちになったのではないかと思い、モット先生の提案を思い出して、アドバイスをしました。

「日仏間には、ＣＮＲＳとＪＳＰＳとの間で、二国間交流のプログラムがあるので、それに応募してはどうか、推薦状は私が書きます」。すると目が輝いて、応募をするといいました。そして審査に合格し、一九八七年二月一日―翌年一月三一日の一年間、上村研に学術振興会のポスドクとして滞在しました。一九八五年三月に、GICの軌道磁化率の理論的研究で理学博士号（東京大学）を授与された齋藤理一郎さんが、同年四月一日から上村研助手に就任しました。齋藤さんの指導で、フレティーニさんは、グラファイトのバンド構造、特に高いエネルギー領域のエネルギー・バンドと各バンドに対する電荷分布を一年かけて計算しました。その結果、フェルミ準位より六電子ボルト高い領域にインターレイヤー・バンドが存在することを見出しました。さらに、カリウムがインタカレートするときに、電荷移動でカリウムがプラスの電荷をもつと、インターレイヤー・バンドがフェルミ準位の下まで下がって、フェルミ面を形成することが可能なことも理解して、帰国しました。論文は、齋藤さんの指導で纏め、*JPSJ* 58, 2098-2108（1989）に発表しました。

また、フレティーニさんが日本に来られる直前には、インターレイヤー・バンドの存在を実験で確かめるために、東大理学部化学科教授の小間篤さん（その後、東大副学長、秋田県立大学理事長・学長を務められ、現在は東大名誉教授）が、C_8Kに対して電子エネルギー損失分光法による実験を行いました。そして、そのスペクトルの形状が、大野・中尾・上村によるバンド計算の状態密度と非常によく一致することを見出し、インターレイヤー・バンドの存在を実験的に確認しました。当時、C_8Kの球状のフェルミ面が存在するか否かで、ペンシルバニア大学のジャック・フィッシャーさんやディヴィンチェンゾ・ラビさんのバンド計算のグループと論争になっていました。そのため、小間さんたちの実験グループと共著で論文を米国物理学会の学術誌 *Physical Review B* に投稿し、レフェリーに認められて出版されたのです（34, 2434-2438（1986））。彼らはインターレイヤー・バンドがフェルミ面の形成に寄与することはまったく考えていなかったので、この論文の出版で論争は決着しました。

ここで述べた日仏学術シンポジウムについては、他に二つ思い出があります。一つは、二週間のフランス滞在中に、ケンブリッジでモット先生の八〇歳の誕生日を祝うパーティに出席できたこと、二つ目は、帰りのエールフランス機の機内で、日仏親善に貢献したお礼として、機長室に招待され、機長室からシベリア上空の景色を一〇分ほど眺めることができたことでした。機長室から外を眺めると、われわれの搭乗している飛行機のスピードが非常に速いことがよくわかりました。

第四回 GIC シンポジウム

このシンポジウムは、一九八七年五月二四―二九日、エルサレムで開催されました。「第一ステージアルカリGICのインターレイヤー・バンド」と題して、私がプレナリー講演をしました。侃々諤々の議論のあったC_8Kの球状のフェルミ面の起源についての議論も、テルルのときと同様、私の講演で終止符が打たれ、物理の研究者の関心は、爆発的に関心が高まりつつあった銅酸化物高温超伝導の問題に移ることになりました。

エルサレムには、フランクフルト経由でルフトハンザ航空機に搭乗し、イスラエル（テルアビブ空港）に行きました。フランクフルトとテルアビブにおける出入国のチェックはテロを警戒して大変厳しいものがありましたが、イスラエル国内は現在の情勢よりははるかに平和でした。会議には遠足が

図 5.24　会議後の旅行の一コマ，ガリラヤ湖での遊覧船で

筆者の左端がフレティーニさんの指導教授，ラグー（M. Lagues）教授夫妻，右端が田沼先生，筆者の右隣は寿栄松宏仁さん．

いくつかあり、塩分が濃いため魚が棲めない死海、四〇〇〇年の歴史を誇る三つの宗教の混在したエルサレムの美しい町などを見物しました。海面下三九八メートルと世界で最も低地にある塩水湖の死海は塩分含有量が三五パーセントもあり、体が浮くことを体験しようと私を含め、参加者が大勢湖に入りました。

また、会議終了後の五月三〇日には、三〇人に近い参加者がバス一台をチャーターして、イスラエル北部の観光に出掛けました。イエス・キリストゆかりのガリラヤ湖、ゴラン高原、港町ハイファを回って、高層ビルが立ち並ぶ地中海に面した大都会テルアビブまでの二泊三日の旅をＧＩＣの友人たちと心ゆくまで楽しみました（図5・24）。旅の途中、破壊された戦車が放置されたゴラン高原や、レバノンとの国境の山の麓にあるキブツに宿泊したときは、破壊された機関銃の台座があり、中東の置かれた厳しい状況を目の当たりにして、緊張感を覚えました。

Physics Today の特集号「日本の物理」で、ＧＩＣが五つのテーマの一つに選ばれて

さて、特別推進研究の成果を世界が高く評価したこともあって、米国物理学会の会誌 *Physics Today* が一九八七年一二月号で企画した「日本の物理」の特集号で、「グラファイト層間化合物」は五つのテーマの一つに選ばれ、私が執筆を依頼されました。この特集号では、ＧＩＣ以外に小田稔先生がＸ

線天文学、田中昭二先生と中島貞雄先生が高温超伝導、林主税博士が超微粒子、小柴昌俊先生がニュートリノのテーマで執筆しました。林さんの超微粒子の具体的内容は、「飯島澄男博士の電子顕微鏡によるシリコン表面上で動く銀の超微粒子の形態学」でした（図5・25：特集号の目次）。私は、この *Physics Today* の記事の執筆を最後にGICの研究を終えました。そして、当時物理学の分野でフィーバーになった銅酸化物の高温超伝導現象の起源の探索に好奇心の火が点き、今日まで高温超伝導の起源を明らかにしようと研究を進めています。これについては、次章以降で述べます。

ここで述べたGICの特別推進研究で何よりも大きな財産となったのが、我が国の若い優秀な人材が多数この研究に参加して、我が国の新しい炭素物質開拓のシンクタンクとなったことでした。ベル研やキャベンディッシュ研究所で学んだ、常に二〇年先を見て研究方針を立てる心構えが、「グラファイト層間化合物の特別推進研究」を行う際に頭に浮かびました。

ARTICLES

25 SPECIAL ISSUE: PHYSICS IN JAPAN

26 WHAT DO WE LEARN FROM SPACE? SPACE SCIENCE IN JAPAN
A philosophy of modest but well-defined projects and a strategy of frequent launches have made Japan a major participant in space research—particularly in x-ray astronomy — *Minoru Oda*

38 OBSERVATIONAL NEUTRINO ASTROPHYSICS
Detailed observations of solar boron-8 neutrinos and of the neutrino burst from SN1987a have signaled the birth of observational neutrino astrophysics — *Masa-Toshi Koshiba*

44 ULTRAFINE PARTICLES
Particles smaller than a tenth of a micron have properties different from those of larger particles of the same materials and are finding a variety of uses — *Chikara Hayashi*

53 RESEARCH ON HIGH-T_c SUPERCONDUCTIVITY IN JAPAN
Ongoing support for superconductivity research may have given Japanese physicists an advantage in the race for high-temperature superconductors — *Shoji Tanaka*
Role of the New Superconducting Materials program — *Sadao Nakajima*

64 GRAPHITE INTERCALATION COMPOUNDS
Physicists are producing synthetic metals with made-to-order structural, magnetic, electronic and superconducting properties by inserting guest atoms in graphite — *Hiroshi Kamimura*

図 5.25　*Physics Today* 1987 年 12 月号「日本の物理」特集号の目次.

炭素元素を構成要素とする物質は、元素が豊富にあること、軽量で炭素元素から作った物質は安価で、エネルギー消費の少ないデバイスを作るのに好都合であること、共有結合物質であるために安定なことなど、優れた特性をもっています。若い研究者が、グラファイト層間化合物という新物質群について、炭素元素からなる物質研究の真髄を会得すれば、次に新しい炭素物質が登場したときに、日本の若手研究者が、きっと世界の研究の最前線に立って活躍するに違いないと考えました。

現に、私がGICの研究を終えた一九八七年には、サッカーボール状のフラーレンが登場し、そしてカーボン・ナノチューブ、グラフィンというように、次から次へと新しい炭素物質群が登場しました。そして、その研究の中核となって活躍している研究者が、GICの特別推進研究から育った当時の若手研究者をはじめ、大勢の日本人研究者です。彼らが世界の研究をリードしているのです。

第6章　半導体黄金時代——本郷キャンパス再開発へ

半導体黄金時代の到来

二〇世紀は「トランジスタ世紀」ともいわれたように、トランジスタの発明に始まる半導体基礎ならびに応用研究の進歩が、第二次世界大戦後の科学技術のなかで最も顕著でした。このトランジスタや電気抵抗、コンデンサを数ミリ角の半導体基板の上に多数配置し配線したものを集積回路（integrated circuit：ＩＣ）と呼びます。同じ作り方で、同じ特性のＩＣを何個でも作ることができるので、大量生産に向いた方法です。今日では、クレジットカードにＩＣメモリーとマイクロコンピュータを埋め込んだＩＣカードとして日常生活にも浸透し、ＩＣという言葉は『広辞苑』（岩波書店）にも取り上げられて、日常用語になりました。

それでは、そのＩＣのアイディアは、どのようにして生まれたのでしょうか。ＩＣの発明者は、米国テキサス・インスツルメンツ社のジャック・キルビー博士（Jack S. C. Kilby、二〇〇〇年にノーベル物理学賞受賞）とフェアチャイルド社のロバート・ノイス（Robert Norton Noyce）博士の二人です。キルビー博士は、幅約四ミリ、長さ約九ミリのゲルマニウム基板上に五個のトランジスタを集積した移相発振器を作りました。これが世界最初のＩＣで、一九五八年のことです。しかし、トランジスタ間を金のワイヤで相互接続したため、配線が宙に浮く形となり不恰好なものでした。今日のＩＣはノイス博士のアイディアによるものです。

図６・１に示すｎ型シリコン基板の表面に、シリコン酸化膜 SiO_2 を付けます。そして、写真のプリント技術（フォトリソグラフィ）を使って酸化膜表面を融かして孔を開け、ｐ型不純物を拡散する技術を用いて、第２章図２・６(b)で見た接合型トランジスタ npn におけるベース層ｐを作ります。図では、ベース層ｐが太く書かれていますが、酸化膜は不純物元素を通さないので、ベース層ｐは酸化膜内に留まるように作成されています。

次に、酸化膜に開けた孔を狭めるように、今度はｎ型不純物を酸化膜の中に拡散させます。こうしてｐ型領域の中に島のようなｎ型領域ができます。これがエミッタ層ｎです。シリコン基板はｎ型でしたから、これをコレクタとすると、npn のトランジスタ構造ができたことになります。このｎ（エミッタ）ｐ（ベース）ｎ（コレクタ）のそれぞれに、電極となる金属（アルミニウム）を図のように付けて電極を作ると、トランジスタが完成します。ここでは、npn トランジスタ構造を例に選んで説明しましたが、pnp 構造についても同じです(1)。

図６・１に示したトランジスタは表面が平らなので、プレーナー型トランジスタと呼ばれます。酸化膜に多数の孔を開けておけば、一枚の基板の上に多数、同時にプレーナー型トランジスタを作ることができます。ノイス博士は、これらのトランジスタ間を金属配線で結んで、平板上に集積回路を作りました。しかも、プレーナー型トランジスタは酸化膜で覆われて外気から隔離され、劣化を防ぐことができるという点で、画期的な発明となったのです。二人は、一九六〇年前後のほとんど同じ時期

に特許を申請しましたが、彼らの特許はトランジスタの接続方法の優先権について対立し、訴訟になったことでも有名です。ノイス博士の特許の出願人はアメリカのフェアチャイルド・カメラ社で、アメリカ出願とその一年後の日本出願は、共に登録されています（米国特許三〇二五五八九号、特公昭三八―一四八五六号）。

集積回路のアイディアも写真のプリントと同様で、同じ特性のＩＣを大量に生産することができるものだったこともあり、大変なブームになりました。一つの半導体上に配置されているトランジスタの数は、一九六〇年当時は一〇〇個から一〇〇〇個程度でした。この時代を小規模集積回路（Small scale integration：ＳＳＩ）の時代と呼びます。

電卓、メモリー、マイコンなどの発展とともに、集積の度合いを高める要望はさらに強くなり、一九七〇年代に入ると、トランジスタの数が一万個の大規模集積回路（ＬＳＩ）の時代から、さらに一〇万個となって超ＬＳＩ（ＶＬＳＩ）時代、そして一九八〇年代に一〇万個を超えると、ウルトラＬＳＩ（ＵＬＳＩ）というように、ＩＣの集積度を表す呼び方も変わってきました。[2] ノイス博士とともにアメリカの半導体メーカー、インテル

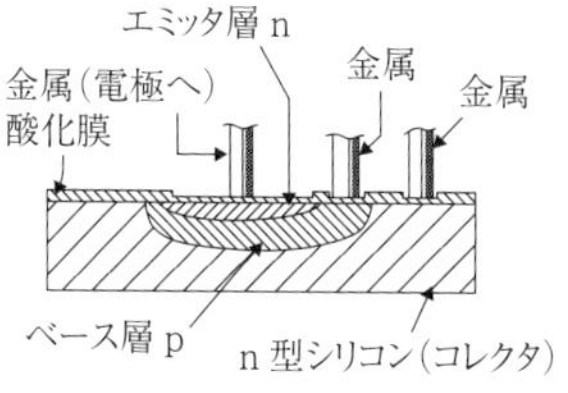

エミッタ層 n
金属（電極へ）
酸化膜
金属
金属
ベース層 p
n 型シリコン（コレクタ）

図 6.1　プレーナー型トランジスタとこれらを多数集めたIC作成法.

（1）第2章図2・6は、接合型トランジスタの例としてpnpを選んだが、他の一つの接合体トランジスタである、非常に薄いp型半導体の両側にn型半導体のあるトランジスタをnpnと記す。pnpまたはnpnの上端の半導体をエミッタ、下端の半導体をコレクタ、真ん中の厚さの薄い半導体をベースという。n半導体とp半導体のそれぞれに電極（これから柱と呼ぶ）を図6・1のように付けると、三本の柱への電圧の掛け方で、トランジスタは増幅を行う。

社（Intel Corporation）を創立したゴードン・ムーア博士（Godon E. Moore）は、集積回路におけるトランジスタ数が年々増加する傾向を調べて、「集積回路上のトランジスタ数は、一八か月（＝一・五年）ごとに倍になる」との将来予測の法則を自らの論文で示しました。この経験則は、今日「ムーアの法則」として知られています。

我が国の半導体産業は、一九七〇年代に登場した半導体超格子（第5章参照）を作成するために、独自にＭＢＥ装置やＭＯＣＶＤ装置を開発して、量子井戸、量子細線、量子ドットなどの極微サイズのデバイスを作成することで優れた成果を挙げ、さらにサイズの小さなデバイスを開発する気運が高まっていました。そのような意気込みを察知した通商産業省（現在の経済産業省）の世話により、ＩＣ開発のさらなる発展のために、五つの半導体企業が参加する国家プロジェクト「超ＬＳＩ技術研究組合」が一九七六年にスタートしました。技術研究組合とは、産業技術に関する試験研究を協同して行うために、技術研究組合法に基づいて設立された組織です。

さらに、一般の半導体企業では、ＵＬＳＩ研究所を設置し、さらには重工や金属関連の企業でも半導体研究所を設置して、集積回路を設計する理論物理の博士課程修了者を高給で雇用する企業も現れ、一九八〇年代後半には日本はＩＣの売上高で米国を追い抜き世界のトップになりました。こうなると国の収入も増え、半導体黄金時代を築くと同時に、我が国は一九八六年一二月から一九九一年二月までの五一か月間、異常な好景気となり、半導体黄金時代は所謂バブル景気の原因ともなりました。

このように、日本の半導体研究ならびに半導体産業の実力は、半導体超格子の物理学と計算物理によるシミュレーションという基礎研究から誕生したもので、大学における基礎研究がいかに重要であるかを示すことになったのです。一九八〇年後半には、我が国の大学における半導体物理学の基礎研究、計算物理によるシミュレーション、それらの成果を活用して半導体産業を発展させた産業界の実力が国際的にも高く評価されるようになりました。

そうしたなかで、国際純粋応用物理学連合（International Union of Pure and Applied Physics：IUPAP）の一九八五年の総会で、私は日本人として初めて半導体コミッションの委員長に選ばれました。理論物理を専門とする私を半導体コミッション委員長に選んだのは、IUPAPが半導体物理の基礎研究の重要性を認めてくれたからと思います。

この頃、私は半導体コミッションの委員を三年務め、八三年にはブラジルでの半導体物理のウィンタースクールの日本人初の講師、八四年にはイタリア国際理論物理学センターの半導体カレッジの校長に日本人として初めて委嘱されて、国際舞台に登場する機会が一挙に増えました。また、一九八四年九月—八五年八月の任期（一年）で日本物理学会会長に選出され、国内外の代表を同時に務めることになりました。

発展途上国の物理研究を振興

トリエステは、スロベニアとの国境にあるイタリア北東部のアドリア海に面した港湾都市です。こ

（2）LSI：Large scale integration、VLSI：Very large scale integration、ULSI：Ultra very large scale integration。Intelという名称は、Integrated Electronics（集積されたエレクトロニクス）に由来する。

こにある国際理論物理センター（The International Centre for Theoretical Physics：ＩＣＴＰ）は、アブドゥッ・サラム教授[3]（Abdus Salam、図6・2）の尽力で、トリエステの町から八キロ西の景勝の地ミラマーレに、一九六四年に設立されました。このセンターの目的は、発展途上国の物理研究者を鼓舞し、貧しい国々の科学と技術の基礎づくりを支援することにあり、イタリア政府と二つの国際機関、ユネスコと国際原子力機関（ＩＡＥＡ）、によって運営されています。

ＩＣＴＰは、発展途上国の大学の物理学教員に、半導体物理学のすべての分野の最先端のトピックスについて講義を行うカレッジ（Spring College）を偶数年に開校しています。ＩＣＴＰの運営委員会は、その第九回を一九八四年四月二六日から八週間半にわたり開校することを決め、私が校長に就任しました。

以前、国際会議のとき一週間滞在して、周囲の自然の素晴らしさに感動したことや発展途上国の科学と技術の基礎づくりを支援することに貢献したいと思っていたので、この要請を受諾しました。校長としてＩＡＥＡの臨時役員に就任し、給料はＩＡＥＡから支払われるので、東大物理学教室から二か月間の賜暇（absence of leave）[4]をとりました。

半導体カレッジの講義のプログラム、テーマ選択などについては、センター側のカレッジ担当のマリオ・トージ（Mario P. Tosi）トリエステ大学教授と手紙で意見交換しながら決めました。まず二二人の講師を候補に選んで交渉を開始しましたが、選んだ講師候補が私やトージ教授と旧知の仲ということもあり、皆さんが承諾してくれました。また講義以外に一三の特別セミナーを設け、八人の著名な碩学に講演を依頼しました。

ＩＣＴＰが経験に基づいて、発展途上国の半導体研究を行っている大学に案内を送り、カレッジの参加者を公募します。この年は、二八〇名の応募があり、トージ教授が中心となって、アジア、中東、ソ連邦、アフリカ、中南米の二三か国から九二名を選びました。八割は大学の教授・准教授でしたが、何名かの優秀な大学院博士課程の院生もいました。これらの参加者は、イタリア政府から旅費と滞在費を支給されるとのことで、途上国の科学技術の発展を支援しようとする、イタリア政府の並々ならぬ決意を感じました。発展途上国の大学教員たちと交流をしたいと思ったので、最初の一か月は私も参加者が寝泊まりをする新築のガリレオ・ビルディングに滞在しました。

図 6.2　国際理論物理センター所長アブドゥッ・サラム教授.

半導体カレッジは四月二六日から始まりました。校長を補佐する副校長は、発展途上国から選ぶという慣例により、トージ教授の推薦でトルコ・アンカラにある中東工科大学のトマック（M. Tomak）物理学部教授にお願いしました。

（3）パキスタン生まれの素粒子理論物理学者でインペリアル・カレッジ・ロンドン教授。一九七九年に素粒子物理学のワインバーグ・サラム理論でノーベル物理学賞を受賞。

（4）講義の総数は、毎日午前中三コマとして、八週間で一一五コマ。講義のテーマは、半導体物理の全分野について、基礎からデバイスまでをカバーするように選ぶこと、講師は各テーマについて先進国のエキスパートを選び、一日一コマ（六〇分）で五日間にわたり、そのテーマの入門から最先端までの内容について講義をするように依頼した。

図 6.3　この写真の左端のインドのマドゥライ・カマラジ大学バラスブラミニアン教授とは，研究分野が半導体物理の理論だったので，その後も論文を交換して文通をした．右から2人目が，副校長のトマック教授，右端がインド工科大学マドラス校スブラマニヤン准教授．

午前は、三〇〇人を収容できるセンターの講堂で講義を行い、また最初の一週間の午後の時間は、九二名の参加者全員に対するインタビューに充てました。私、トマック副校長、トージ教授三人で国のサイエンス振興に対する参加者の姿勢、本人が従事する研究内容と業績、そしてこのカレッジに何を期待するかなどを尋ね、その結果に基づいて、参加者を五つのグループに分けて、毎夕にゼミを行いました。インタビュー、あるいはゼミの後、校長・副校長が参加者と歓談する機会を設けました（図6・3）。

午前の三つの講義は、私と副校長が司会し、二人とも八週間余で一一五の講義と一三の特別セミナーを聴講しました。短い期間にこれほど密に講義を聴いた経験は、長い人生でもこのときを除いてありません。どの講義も熱の入った実に素晴らしい内容で、大変勉強になり、最先端の知識を取得できました。私自身も「不純物半導体のアンダーソン局在領域での電子間相互作用の効果」について五回講義をしました。図6・4は、オックスフォード大学理論物理学科のロージャー・エリオット教授(Roger J. Elliott) の特別講義の後、センターの玄関脇で撮った集合写真です。

カレッジの参加者は、全世界のほとんどの発展途上国から来ていました。そこで、毎週水曜日夕食後は、自己紹介やダンスパーティなどで参加者の間にフレンドシップが育成されるように計らいました。これが功を奏し、二か月目に入ると皆さん大変仲良しになりました。また、一週間の講義を終えた週末には、講師をトリエステの町のレストランに招待して労をねぎらいました。

サラム所長、センター事務局の厚意ある協力、熱意ある講師たちの講義、半導体研究の最先端を理解しようとする熱心な参加者たちに支えられて、半導体カレッジは、六月二二日成功裏にその使命を終えました。一九八五年一月の『學士会会報』七六六号に、久保亮五先生が「旅日記から」と題して、一九八四年一〇月一一日からトリエステで開催されたＩＵＰＡＰ総会の様子を書いています。その中には「このセンターは理論物理というが、サラム氏の専門のような高尚な理論よりも、もっと応用や技術に近い物理に力を入れている。この春には、東大の上村洸教授が二か月にわたって半導体物理のセミナーを主宰されて大好評だった由。発展途上国自立のための援助としてこのセンターに日本の研究者を派遣することは非常に効率の良い方法である」という文章がありました。

図 6.4　オックスフォード大学理論物理学科エリオット教授（前列右から３人目）とともに，カレッジ参加者全員の集合写真.

半導体物理学国際会議（ＩＣＰＳ）とブラジル視察

ＩＵＰＡＰ主催による日本で二度目の第一五回半導体物理学国際会議（International Conference on the Physics of

Semiconductors：ＩＣＰＳ）が、一九八〇年八月三一日—九月五日、新築の国立京都国際会館で開催されました[5]。文化大革命後の中国からは、ボルン（Max Born）・ファン共著の格子動力学（Lattice Dynamics）の教科書で著名な黄昆（Kun Hunag）先生が団長として、代表団一一人を率いてＩＣＰＳに初めて参加されました。

この会議では、私が新しい手法を取り入れました。セクレタリーのオフィスに四会場の講演の進捗状況を映す四台のディスプレイを導入し、四会場のすべての講演が時間通りに進行できるようにしたのです。当時の国際会議としては、大変モダンな手法であったことと、会議の進行が大変スムーズにいったことでＩＵＰＡＰ半導体コミッションから、賞賛のコメントを頂きました。

翌年には、ＩＵＰＡＰ半導体コミッション委員の改選で、植村泰忠先生の後任として私が選ばれ（任期は三年）、一九八二年の第一六回ＩＣＰＳ（委員長は友人のバルカンスキー（Minko Balkanski）パリ第六大学教授）から、その運営に関与することになりました[6]。

話は前後しますが、第一五回のＩＣＰＳまでは、ポスター論文発表の制度はなく、会場で論文タイトルだけを読み上げる「read-by-title」論文が四〇ありました。ポスター論文がなかったために論文採択率は応募論文の三分の一という厳しいものでした。そこで、ＩＵＰＡＰ半導体コミッションは、第一五回（京都開催）では、論文採択のためのプログラム委員会には国外委員一〇名も出席して審査を公平に行うことを要請しました（国内委員一〇名）。そして、二日間にわたる侃々諤々の議論の末に採択論文を決定したのです。なお国外委員に支払った旅費で、会議の財政も厳しいものとなりました。

このように、ＩＣＰＳは応募論文の採択率の厳しさに関して半導体研究者のコミュニティからの評判が悪かったので、第一六回会議からはポスター論文を採択した結果、採択率も約五〇パーセントに緩和されました。開催都市のモンペリエは天気も良く、屋外で開催されたポスターセッションの評判は上々でした。

ＩＣＰＳは二年ごとに開催されますが、半導体コミッションの最も重要な仕事は、四年後のＩＣＰＳの場所を決めることです。モンペリエの会議では、一九八六年の第一六回ＩＣＰＳのサイトとして、誘致に大変熱心であったブラジルを採択し、ＩＣＰＳが南米で初めて、サンパウロ州立カンピーナス（Campinas）大学で開かれることになりました。

私は、一九八三年にカンピーナス大学で開催された半導体夏の学校に講師として招かれたので、その機会にＩＣＰＳ会場として適当かどうかを視察することとなり、一月三一日から二月一一日まで滞在しました。成田空港を出発したのは一月二八日、成田からロスアンジェルス、リオ経由でサンパウロ空港に着いたのが一月三〇日の朝でした。リオからの飛行機はプロペラ機で、低空を飛ぶので、コ

（5）本会議は、組織委員長：川村肇、副委員長：植村泰忠、プログラム委員長：豊沢豊、私が事務局長（Conference secretary）で行われた。参加者は、国外三二六名、国内四七九名、参加国は三二か国だった。会議で発表された論文は、プレナリ講演四編、招待講演二六編、口頭発表論文二一二編。国外プログラム委員招致のための出費も大きく、財政総額は、共同主催団体である日本学術会議からの国費一一〇〇万円を含めて七四〇〇万円（他の一つの主催団体は日本物理学会）。参加登録費は、二万五〇〇〇円だった。

（6）当時ＩＵＰＡＰの各コミッションは、委員長、セクレタリー、平委員一〇名の合計の一二名で構成され（一二か国）、これらの役員・委員は、ＩＵＰＡＰ総裁をはじめとする執行部役員とともに、三年ごとに開催される総会で、投票により決定する規則になっていた。

パカバーナの美しい海岸がよく見えました。空港からは車で二時間程度かけてカンピーナスの町に着きました。南半球で、季節が夏、その上昼夜も逆転していて、本当に遠い国に来た感がありました。でも、夜空を見上げて北半球では見ることのできない南十字星は大変美しかったです。

カンピーナス大学は、一九六六年にサンパウロ州によって設立された、サンパウロ大学と並ぶブラジルを代表する大きな大学の一つで、学部学生数は約二万人、二二の学部・学科からなります。夏の学校では、「不純物バンドにおける電子間相互作用の効果」について、講義をしました。

二月三日夜には、半導体レーザーの研究で著名なロジェリオ・レイテ（Rogerion C. de Cerqueira Leite）教授（物理学科主任）の豪邸で夕食会がありましたが、町を見下ろす山頂に建てられ、周りには堀がありました。堀の中には水ではなく、猛犬が二〇頭ほど走り回っていました。治安が悪いようで、町でも車を駐車するときは、日本のように道路の指定場所に駐車をしておくと、窃盗団が車ごとトラックに載せて盗んでしまうということでした。そこで、道路の中に埋め込んだポールを引っ張り上げて、それに車を鎖でつないでいました。また、夜八時を過ぎたら、交差点の信号が赤でも止まらないで、速足でホテルに帰るように言われました。

夏の学校終了後、私の弟の知人の案内で、三菱創業者岩崎弥太郎氏の長男久弥氏が、日本移民に熱帯農業を指導するための農場として昭和二（一九二七）年に創設した東山農場を見学しました。総面積九〇〇ヘクタールのうち、三分の一弱に一二〇万本のコーヒー樹を栽培しているとのことで、当時の自然が豊かに残っていました。

翌日は待望のリオです。町に着くと、一週間後に始まるカーニバルの準備のために町は大変賑やかで活気づいていました。予約したホテルはカーニバルの会場に近かったので、パレードに参加するサンバ学校のフロート車が、予行演習を兼ねて踊り手たちを乗せて走る姿が見られました。

その翌日は、リオの町の名所を見物しましたが、市内に突き出ているカリオカ山脈が湖上で途切れて絶壁となったコルコバードの丘（標高七〇九メートル）の上に建つキリスト像は圧巻でした（図6・5）。高さ三〇メートル、広げた両腕の差し渡しが二八メートルの巨大な像で、私が生まれた翌年の一九三一年に、ブラジル独立一〇〇年を記念して建てられたとのことでした。リオの中心地区や美しいグワナバラ湾の全景を見渡すことができました。

その後、友人のマイケル・ポラック（Michael Pollak）教授のいるカリフォルニア大学リバーサイド（Riverside）校で講演をした後、帰国しました。

ストックホルムでの第一八回ＩＰＳＣ

図 6.5　コルコバードの丘の上に建つキリスト像．前で立っているのが筆者．

第一七回ＩＣＰＳは一九八四年、場所はサンフランシスコ、組織委員長がベル研時代からの友人のマービン・コーエン（Marvin Cohen）カリフォルニア大バークレー校教授で開催されました。この会議中に開催されたコミッション会議では、一九八八年の開催場所がポーランドのワルシャワに決まりました。また、今回を最後にヒルサム委員長は任期を終了し、その年の一〇月にトリエ

図 6.6　ストックホルムで開催された第18回の開会式で，半導体コミッション委員長としてスピーチをする筆者．

ステの総会で私が半導体コミッションの委員長に選出されました。

　私がブラジルを視察した後、ブラジル国の財政事情が悪化し、第一八回ＩＣＰＳが内定していたブラジルで開催できなくなりました[7]。そのため委員長としての最初の仕事は、第一八回ＩＣＯＳの開催国を決めることとなりました。できればノーベル物理学賞の授賞式を主催するスウェーデンのストックホルムで開催できないかと思い、半導体コミッションでスウェーデン国の委員、ルンド（Lund）大学のハーマン・グリマイス[8]（Hermann Grimmeiss）教授に尋ねました。彼は、自国に帰ってから大変な尽力でスウェーデン半導体研究者の同意を得るように努力くださり、ストックホルムでの開催が決まりました。わずか二年の準備期間でしたが、第一八回ＩＣＰＳは、国王の叔父で皇太子のオープニング・アドレスで開会式が始まり、私もＩＵＰＡＰ半導体コミッション委員長として、初めてのオープニング・アドレスを行いました（図６・６）。

　この会議で大変ユニークだったのは、市庁舎（City Hall）で開かれた晩餐会でした。委員長のグリマイスさんから、ノーベル物理学賞授賞式でのBanquet（祝宴）と同じ場所で同じ形式で行うとの説明が事前にありました。グリマイスさんの指示に従い、彼が家内と手を組み、私がグリマイス夫人と手を組んで、二階のホールから約一〇〇〇人の参加者が着席した階下ブルーホールの夕食会場（図６・７）に降りてきて晩餐会が始まりました。終了後にはわれわれ二組が先頭になって階段を上がり、二階のホールでダンスパーティが始まり、かなり夜遅くまで多くの参加者がダンスに興じました。

一九八七年九月末にはワシントンでＩＵＰＡＰ総会が開かれ、執行役員やコミッション委員の改選が行われました。異例ではありましたが、私は委員長に再選されました（規則は一期三年）。この総会で、ブロムリー（Allan Bromly）ＩＵＰＡＰ総裁から、半導体研究・産業が黄金期を形成したことを反映した決議案(9)が採択される同時に、コミッションに副委員長のポストを設け（委員長、副委員長のいずれかが企業の研究者）、スイスＲＣＡ研究所のハーベーケ（Gunther Harbeke）博士が、最初の副委員長になりました。

その年の一二月には、スイスＩＢＭ研究所のビニッヒ（G. K. Binnig）とローラー（Heinrich Rohrer）両博士が、走査型トンネル顕微鏡発明の功績でノーベル物理学賞を受賞しました。クラウス・フォン・クリッツィング（Klaus von Klitzing）博士

図 6.7　第 18 回半導体物理学国際会議における晩餐会風景（ストックホルムの市庁舎）.

（7）米、欧、アジアからの国際会議への参加者を、それぞれニューヨーク、パリ、東京にブラジル航空（バリーグ）を派遣して、無料でリオデジャネイロまで運ぶ約束になっていたが、それができなくなったということだった。

（8）グリマイス博士は、ルンド大学教授で、半導体中の深い不純物準位の研究で著名な研究者。

（9）「ＩＵＰＡＰは、pure and applied physics の名に相応しく、今後 applied physics の活動をすべての分野でより活発化すべきである」との決議案。

が「量子ホール効果の発見と物理定数の測定技術の開発」の業績で、前年のノーベル物理学賞を受賞しており、半導体コミュニティにとって二年連続の朗報でした。

第一九回ＩＣＰＳと天安門事件

第一九回ＩＣＰＳは、一九八八年八月一五―一九日に、ワルソーの文化宮殿で開催されました。ペレストロイカで、ワルソーの町も一九七二年当時の共産主義政権のときとはまったく異なって、自由なムードに包まれていたのです。コミッション会議では、第二一回ＩＣＰＳ（一九九二年）を北京で開催することを内定しました。

しかし、翌一九八九年の六月四日、民主化を求めるデモ隊と軍と警察とが衝突、多数の死傷者が出た「天安門事件」が起こったのです。このため、一九九二年の開催場所を北京から他の国に移すようにとの要求が、欧米の数多くの半導体研究者から委員長の私に寄せられました。私は「一九九〇年の第二〇回ＩＣＰＳでのコミッション委員の再投票で、内定を変更するかどうかの結論を出すので、それまで待ってほしい」と返事をしました。

再投票に先立ち、多くのコミッション委員から、一九九〇年に戒厳令が解除されたら、私が北京に出かけて状況を視察し、「中国半導体研究者たちの意見も聞いてほしい」との要望が出ました。そして、一九九〇年一月一一日に北京の中心部に敷かれていた戒厳令が解除されたので、第二一回ＩＣＰＳ中国組織委員長でコミッション委員の謝希徳（Xie Xide）先生（元復旦大学学長、半導体理論研究者）と連絡をとり、「政府と交渉をして、私の入国と北京視察を可能にしてほしい」とお願いをしました。そして、四か月後の五月一五日に、中国訪問が実現したのです。

中国政府の対応を知るため、まず長年の友人でもある謝先生を上海の復旦大学に訪ねました。そして、戒厳令が解除されて四か月経ったばかりの五月一七日に北京を訪問し、北京半導体研究所で名誉所長の黄昆（Kun Huang）先生にお会いしました。京都での第一五回ＩＣＰＳ以来、一〇年ぶりです。夕食会の席上（図6・8）、天安門事件以後の国際会議の準備状況について詳しく聞きました。

中堅の研究者たちからは、「一生懸命準備をしてきたのに残念である」、「会議が北京で開かれない場合、中国の半導体研究はかなり遅れをとるのではないかと心配をしている」など、率直な意見が出ました。翌五月一八日には北京大学物理学部で、中国科学アカデミー物理学研究所長、趙忠賢教授の司会で、銅酸化物高温超伝導について講演をした後、トリエステの半導体カレッジに参加した物理学部助教授の先生からも天安門以後の北京大学の状況について話を聞き、学生のいない北京大学の教室も見せてもらい事態を把握することができました。

この日の午後には、天気が良いとのことでサプライズのもてなしを受けました。大学の公用車で万里の長城に行くことができたのですが、観光客がほとんどいないため、かなりの距離を歩くことができたほか、警備のまだ厳しい天安門と故宮を視察して帰国の途に就きました（図6・9、図6・10）。このように、観光客

図6.8　夕食会．前列筆者の左隣が黄先生．

図 6.9　万里の長城を歩く．

図 6.10　故宮の見物．

がほとんどおらず、警備のまだ厳しい天安門や故宮を、半導体研究者の案内で訪れるという稀有の体験をしたのです。

第二〇回ICPSは、一九九〇年八月六日にギリシャのテッサロニキ市にあるテッサロニキ大学（Aristotle University）で開催されました。参加者が一〇〇〇人を超える盛会でした。参加者の大きな関心は、一九九二年の開催場所についてだったようです。現に、八月九日午後に開催したコミッション会議には、参加者代表と称する三人が二九〇人の「北京反対」の署名をもって現れました。

私の六月の北京訪問の結果を考慮して、一一人の役員・委員が郵便投票を行いました（委員会の直前ハーベーケ副委員長が心臓麻痺で亡くなられたため、投票者の数が一二人となり、委員長は投票しませんでした）。ところが棄権一だったため、結果は五対五、私のイエス・ノーでコミッション会議の結論が決まることになったのです。私は、「一九八八年の内定の結果通り北京で行いたい」と述べ、また「私の票で結果が決まったので、明日（八月一〇日）の閉会式では、私が本日の結果ならびに理由について説明をする」と会場にアナウンスしました。長年の親しい友人で米国のコミッション委員ルー・シャム（Lu Sham）カリフォルニア大サンディエゴ校教授と二人で、その夜から翌日の明け方までかかって説明文を作成しました。彼に会うと、今でもそのときの話になります。

八月一〇日の閉会式には、一〇〇〇人に近い大勢の参加者が出席し、会場には式が始まる前から、緊張感が漲っていました。「Statement of IUPAP Commission Chairman」と題する私のスピーチは、再審議をどのようなプロセスで行ったかの説明から始めました。

取り上げた点として、「一、人権問題」、「二、中国物理学者の国際社会から孤立化することの危惧」、「三、海外から国際会議に参加する中国国籍研究者の身分の保証」の三つを挙げました。特に、第三の点について、中国政府から保証する旨の公式文書を受理していることを述べたときに、一〇〇〇人に近い聴衆には安堵する様子が見え、一五分間のスピーチの後には、会場から一斉に拍手が沸き起こりました。国際舞台で、全世界の半導体物理学研究者コミュニティの友好を訴えるスピーチをすることになるとは思いもよらぬことでしたが、これにより一〇〇〇人を超える半導体研究者が穏やかな表情となり、なかには私に握手を求めて会

20th ICPS News LETTERS

Volume 1 | Friday, 10th of August, 1990 | Number 6

ON THE LOGO OF 20th ICPS

The tower is one of the emblems of the city. We call it WHITE TOWER. A hundred years ago (when the city was still under Turkish occupation) its name was "THE TOWER OF BLOOD": it was the last place before the execution of prisoners. But in his original use was a castle against barbarian attacks.

The tower on the silicon surface a confined Quantum Well! Semiconductor technology may be a prison for humanity or a strong fort for the human spirit.

Who will assure our selection?

STATEMENT OF IUPAP COMMISSION CHAIRMAN Prof. H. KAMIMURA

The IUPAP Semiconductor Commission has confirmed the 1988 decision to hold the 21st ICPS in Beijing in 1992. The confirmation vote was 6 for, 5 against, and 1 abstention. I would like to explain the procedure and some of the thinking of the Commission in reaching the confirmation decision.

Procedure

Since the Tienanmen affair, the Commission considered the alternative of not holding the 21st ICPS in Beijing. Because of the deadline involved in searching for an alternate site, we agreed to have a mail ballot by June 27, 1990.

In the mean time, when I attended the American Physical Society March Meeting (of the condensed matter section) at Anaheim, California, I had an opportunity to discuss the question of the 1992 site with some thirty semiconductor physicists from USA and Europe. There were a number of concerns, some of which are detailed below. The feeling for rejecting or retaining the Beijing site was about evenly split. I then went to Beijing on May 14 - 19 to investigate the situation there and reported my findings to the Commission members.

Before the vote, discussions were held by correspondence among Commission members.

Issues

1. Human Rights

In view of the governmental action in the Tiananmen affair, we considered removing Beijing as the 21st site as a sign of disapproval. However, Commission members do not regard approval of Beijing site as synonymous with endorsement of any policy of the Chinese government.

2. Isolation of the Chinese physicists

The community of Chinese semiconductor physicists is eager for contact with the colleagues in the outside world. During my May visit in China, I talked to a number of students and young physicists. All of them expressed their earnest desires to have the ICPS meeting in Beijing. There are a considerable number of semiconductor physicists in Beijing and Shanghai. In particular, the younger generation of semiconductor physicists are growing rapidly, and their activity is now increasing steadily. Removal of the ICPS from Beijing would contribute greatly to the isolation of this community.

3. Safety of returning Chinese students and scientists from abroad.

I talked with Prof. Xie Xide, chairperson of the 21st ICPS organization committee and also a member of the Commission, about the issue of free departure from China for Chinese participants now visiting abroad. She has obtained a written statement from the Chinese Embassy in Washington and she has informed the Commission that the General Secretary of the Chinese Communist Party had issued a formal statement to the press guaranteeing free entry and re-exit of Chinese students and scientists from abroad. I will write a letter to the Party Secretary requesting such a guarantee in writing and Prof. Xie has agreed to transmit my letter.

The Commission yesterday received a petition to reconsider the site decision. After re-examination of the pros and cons of the site confirmation, we decided to let the July vote stand. We hope that 40 year tradition of ICPS will continue through these difficult times and that the friendship among semiconductor physicists from all over the world be maintained.

Today
- Statement of IUPAP Commission Chairman
- L. Esaki in his own words
- Interview with Prof. H. Kamimura
- All about ICPS-21
- Statistics about the 20th ICPS
- The Banquet

図 6.11　テッサロニキ大学物理学科では，ギリシャで初めて ICPS を開催したことを記念し，会期中，毎日 ICPS の内容を伝える新聞を発行していた．私のスピーチの全文が掲載された最終日の新聞．

図 6.12　賞状を受賞者に渡す筆者．脇に立つのはプログラム委員長のパンテリデス（Sokrates Pantelides）博士，IBM ヨークタウンハイツ研究所．

場を去っていく人も多くいたのです。

第二〇回ＩＣＰＳでは、もう一つ画期的なイベントがありました。それは、博士論文を対象とした賞「Young author best paper awards」を設けたことです。博士論文の優秀な研究に対して、八人を選んで、ＩＵＰＡＰ半導体コミッションが賞（賞状と賞金五〇〇米ドル）を授与しました。大学のプールサイドに大学側が式場を作り、半導体コミッション委員、プログラム委員、組織委員たちがテントの中から見守るなかで、賞状授与式が行われました（図６・12）。この賞の基金は、趣旨に賛同した米国ＩＢＭと我が国の東芝、ＮＥＣ、ＮＴＴ、日立製作所、富士通、松下電器（現パナソニック）の寄付によるものです。上記七社の厚意には今でも感謝しています。[10]

ＩＵＰＡＰにとっては、若手を支援する初めての賞の創設であったため、当時のＩＵＰＡＰ総裁のカーウイン（Larkin Kerwin）博士は大変喜ばれ、「Excellent initiative which will encourage young scientists at precisely the best period of their career」との礼状を頂きました。

二〇〇〇年に基金が枯渇したときには、当時のコミッション委員長のカルドナ（Manuel Cardona）博士の要請により、大阪で開催された第二五回ＩＣＰＳ（私が組織委員長）への寄付金から、二万米ドルを基金の増額分としてＩＵＰＡＰ事務局セクレタリーに寄付しました。この寄付により、二〇一〇年七月にソウルで開催された第三〇回ＩＣＰＳでも、八人の受賞者にこの賞を授与することができました。なお、この会議でＩＵＰＡＰ若手論文賞が新たに創設されたことを知りました。財源が枯渇すると消えていく半導体コミッションの賞に代わって、ＩＵＰＡＰが若手論文賞を創設したのです。
一九九〇年九月二五―二八日、東西ドイツが統合する一週間前に、東ドイツのドレスデンで開催されたＩＵＰＡＰ総会では、カーウイン総裁から突然指名され、半導体コミッションの博士論文賞の創設について称賛の言葉を頂きました。会場の各国代表からの拍手を受け、万感胸に迫る思いがありました。この総会で私はコミッション委員長の任期を終え、後任にルーシャム教授が選ばれました。

日本物理学会会長と国際交流の推進

一九八四年九月―一九八五年八月には、日本物理学会会長を務めました。当時は、その年の二月末までに全会員の投票によって決めていました。一九八四年の三月、投票結果を受けて当時の星埜禎男会長からの要請がありました。「これまでも会長になられた方は、皆さん、自己犠牲の精神で学会のために仕事をされているのです」との言葉で固辞しがたく、承諾しました。
そして、三月の理事会から「次期会長」として出席をし、理事会で議論されている内容を勉強してほしいといわれました。まずは、五年ほど遡って理事会の議事録を読んだところ、一九八〇年代に入ると、外国物理学会からの交流の申し込みや代表派遣依頼の要請が多くなっていることがわかりまし

(10) 基金の内訳は、ＩＢＭ二万三〇〇〇米ドル、日本六社八一七〇米ドル、基金の管理はＩＵＰＡＰ事務局セクレタリー。

た。そこで、ベル研時代に鍛えられた習慣で、二〇年先を見据えて日本物理学会の将来を考え、半導体黄金時代を築いた日本の科学技術の実力が世界から高く評価されているときに、日本物理学会は、米国や欧州物理学会と協調して国際交流を推進すべきと考えました。

一九八四年には、アメリカ物理学会会長に私の友人であるミリー・ドレッセルハウスＭＩＴ教授（物性実験分野の世界的権威）が選ばれました。私が、九月に会長に就任するや否や、両学会間の会員の相互交流を一層活発にするために、相互協定を締結したいとの申し出がありました。ただちに相互協定の案をアメリカ物理学会との間で作成し、委員会に諮りました。その際、日本物理学会の定款とともに、「決議三」も英訳をしてアメリカ物理学会に見せ、理解を得るように努めることを約束して、委員会の同意を得たのです[11]。

相互協定が発効すると、日本物理学会の学生会員である大学院生が、大挙してアメリカ物理学会の三月（固体物理が中心、開催場所は毎年変わる）と四月（素粒子・原子核が中心、ワシントンで開催）の学会にアブストラクトを提出して講演をするようになり、その結果、日本物理学会での学生会員の発表数が減少するという、珍現象が見られるようになりました。学生会員たちに理由を聞いてみると、アメリカ物理学会の登録費が安いこと、会場がコンベンションセンターのため広いこと、講演時間が長く質問時間も決められていて必ず質問をしてくれることなど、プラスになることが多く、同時に先端的なトピックスのシンポジウムが聴講できて、世界の物理の潮流を勉強でき、得ることが多いとのことでした。逆に、アメリカ物理学会からの講演申し込みはほとんどなく、理由は他の講演が日本語なので、高い旅費を払って参加するメリットがないとのことでした。このようなグローバル化のメリットは日本物理学会、特に若い学生会員にとって大きかったように思います。

この頃は、我が国は半導体黄金時代だったので、主として企業の賛助会員に口数の増加をお願いしました。日本物理学会による国際交流の話をすると、大口の賛助会員になってくれる商事会社もあり、企業、商社の賛助会員の増加で、日本物理学会の財政は大変豊かになりました。外国物理学会との交流が盛んになり役員の外国出張が増えたことや、また会員や学生会員が米国物理学会、その他の国際会議に出席する費用として対応できるように、会計に国際交流基金の特別枠を設け、毎年二〇〇〇万円を基金に積み立てることにしました（五年間で一億円になりました）。そのお蔭で、学生会員の入会者も増え、他国の物理学会との国際交流を通して学会のアクティビティも活発になりました。

世界物理学会代表者会議とチェルノブイリ原子力発電所事故

一九八六年四月には、世界四八か国の物理学会代表者が参加して[12]「世界物理学会代表者会議[13]（ワシ

（11）第3章で私が特務委員（理事）を務めた会期に、物理学会臨時総会で、「軍との関係を一切もたない」との決議がなされた（「決議三」）。一九八〇年代までの日本物理学会委員会は、立候補した委員で構成されるボランティア制であり、国際交流の議題の際に「決議三」を遵守するか否かの議論があって、議案が通らないこともあったらしい。

（12）日本物理学会では、私が団長となり、市川会長、伊豆山健夫前ジャーナル編集委員長（現東京大学名誉教授）の三人が日本物理学会代表として、また、当時のアジア物理学会会長・兵頭申一氏（現東京大学名誉教授、前応用物理学会長）が会議に参加した。

（13）私が会長時代に米国、カナダ、欧州物理学会と企画した「世界各国の物理学会および物理学連合の代表者が一堂に会して、物理学の発展を展望し、物理学における国際交流と国際協力について討議する」ための会議。

ントンD.C.）が、初めて開催されました。アメリカ物理学会が主催し、日本物理学会（会長：市川芳彦、現名古屋大学名誉教授）は、欧州物理学会、カナダ物理学会とともに共催しました。

そして、「一、研究成果発表の自由、人権問題、国際協力の進め方などの公共問題（Public Affairs）」、「二、物理系学術誌の出版及び学術的会合の問題（Publications and Meetings）」、「三、発展途上国における物理学（Physics in Developing Countries）」について、三日間にわたり、活発な意見交換が行われました。

私の講演で、説明文書にある「決議三」について、「日本国憲法第九条と関係があるか」との質問がありました。「決議三」導入の経緯についての説明は、日本物理学会の内部事情によるものですので、「導入の根底には、関係がある」と返事をしました。米ソ冷戦時代だったせいもあるのでしょうか、帰国後、私の説明が気に入ったと言われて、アメリカ物理学会の会員が一人、日本物理学会に入会したそうです。

ソ連邦のチェルノブイリ原子力発電所で爆発事故が起こったことが報じられたのは、ちょうど会議のときのことです。その後、アメリカ物理学会の会長などの権威者たちから的確な情報を得ようとして、メディアの記者たちが会場に大勢押しかけてきました。急遽記者会見が開かれましたが、アメリカ物理学会指導部は実に冷静に淡々と記者の質問に答えており、その実力を目の当たりにしました。

アメリカ物理学会では、この会議と並行して、素粒子・宇宙論、化学物理・凝縮系物理、原子核物理、原子・分子・光物理の四つのテーマについて、現状を概観し将来を予言する国際シンポジウムも開催しました。各テーマとも、五人の招待講演者が三二分の招待講演を行いました。日本からは、菊地健（素粒子・宇宙論）、山中千代衛（光物理）、甲良和武（原子・分子・光物理）、山崎敏光（原子核物理）の四氏と私（化学物理・凝縮系物理）が招待講演を行いました。この報告は、『日本物理学会誌』四一巻、一一号、九二一—九三三ページ（一九八六年）にあります。

東京大学における理学部中央化構想

一九八六年四月一日からは、東京大学理学部物理学科主任に就任しました。当時の理学部一号館の建物のうち、化学棟に面した南棟（第1章図1・2）は、関東大震災の直後、大正一五年（一九二六年）に建てられたもので、内部は古色蒼然としていました。現在の進歩に合わせた研究教育装置や光通信システムを導入するには、問題が多くありそうでした。

当時の本郷キャンパスの建物には、古い建物が数多く、研究・教育環境の劣化は極めて憂慮すべきものがありました。理学研究科では環境改善のために、大学院の柏への移転を検討していたようでした。そして、真偽は定かではありませんが、「学部学生を含む理学部全体を柏に移転してほしい」と柏市が希望しているという噂を小耳に挟みました。しかし駒場から進学する学生は、本郷キャンパスに来ることを楽しみにしていることと、二〇年先の二一世紀には、学問分野の壁が低くなって、自然科学の基礎を教える理学部の存在は重要で本郷キャンパスにあるべきと考えて、私は本郷で研究環境を向上する案を考え始めました。

当時東大の本郷キャンパスでは、御殿下グラウンドの地下から、加賀藩・前田藩主夫人の遺跡が多数出て、五年間新築ができませんでした。第3章で述べたように、私は一九七一年から改革室員をし

図 6.13 (a)　完成した理学部1号館を西北側（安田講堂側）から撮影.

ており、当時改革室でも東京都内で広い場所があれば移転しようとの話が出たときに、本郷キャンパスの再開発の可能性も議論されました。

当時、理学部一号館辺りを調べてみると、明治時代に理科大学本館を建てるときに地下を掘った形跡があったことを思い出し、この場所から保存するような遺跡は出てくることはないと考えました。そこで理学部教授会に、四つの地区に分かれた理学部を大きく理学部一号館地区と二号館地区の二つの場所に再編成し、一号館地区を再開発する案を提案しました[14]。

この案の中にある理学部一号館地区を中心とした中央化構想は、昭和六一（一九八六）年一二月の理学部教授会で承認され、具体案作りのワーキング・グループが物理学科折戸周治教授（素粒子・高エネルギー物理学実験）を長として発足しました。今から三〇年前のことです。この提案は、東京大学『理学部広報』一八巻号外（昭和六二年一月）に掲載されています。一九八七年二月七日に遺跡調査のための試掘が行われ、建築可との結論になりました。そして第二四代東京大学総長の有馬朗人先生のご尽力の結果、一九九三年に文部省の許可が下り、一二階建ての新一号館を三期に分けて建て替えることが決まりました。私は停年（一九九一年）後東京理科大学に移った後に、この朗報を聞きました。

一九九四年に第一期工事が始まり、二〇〇四年には第二期工事、二〇一三年に始まった第三期工事が二〇一七年度に終わって、一二三年の歳月を経てようやく理学部一号館が完成しました（図6・13(a)、(b)）。新理学部一号館の建築が始まるや、他の学部でも建て替えがどんどん進行し、東京大学の本郷キャンパスは今や高層建築が建ち並んで、まったく新しい東大が誕生したような感があります。

図6.13（b） 完成した理学部1号館（左から西棟，中央棟，東棟．西棟は12階建てです）

植村・上村・塚田・青木・常行研・計算物理グループの常行真司教授（東京大学大学院理学系研究科）撮影．

二一世紀になると、東大理学部物理学科ならびに理学研究科物理学専攻に在籍された教授会メンバーから、二人がノーベル物理学賞を受賞されました。お一人は、二〇〇二年に名誉教授小柴昌俊先生（現東京大学特別栄誉教授）が「天体物理学とくに宇宙ニュートリノの検出に対するパイオニア的貢献」により受賞、そして二〇一五年には、宇宙線研究所所長・教授の梶田隆章先生（現東京大学卓越教授、同大特別栄誉教授）が「ニュートリノ振動の発見」により受賞されました[15]。

（14）具体的には、次のとおり。浅野キャンパスの理学部三号館（地球物理、天文）と龍岡門脇の理学部五号館数学科を一号館地区に移して一二階建ての新一号館を建て、理学部四号館と化学棟を合わせて、新一号館地区とする。赤門脇の理学部二号館は改築し、理学部五号館地質学科と生物・生命系の学科で新二号館地区として、理学部を二つの場所に集中させる。

（15）両先生の研究に光科学技術の面から貢献した、光科学技術研究振興財団（浜松）創設者の晝馬輝夫氏の功績を記念して、同財団は二〇一八年、「晝馬輝夫光科学賞」を創設した（四五歳未満の若手研究者が対象で、副賞は五〇〇万円）。

はじめての管理職

一九八九年三月三一日に、物理学科主任の三年の任期を終えてほっとしたのも束の間、四月一日から理学部付属中間子科学研究センターのセンター長を務めることになりました。研究センターは、専任教授一名、助手五名の小さな組織でしたが、センター長は管理職でした。これは、東大理学部教授になってからはじめてです。任期は、停年までの二年とのことでした[16]。

中間子科学は、私の専門分野とは異なりましたが、「東大もこれから大学院大学に変わり、研究分野も広がっていくので、その観点からセンターの発展を考えてほしい」といわれ、ミューオンを用いた実験を高温超伝導の研究に応用する試みがスタートしたことに強い関心もあったので、引き受けました。

中間子科学研究センターの歴史を調べてみると、一九七八年に、東大理学部付属「中間子科学実験施設」として、高エネルギー物理学研究所（ＫＥＫ）ブースター利用施設内に設置され、ブースターシンクロトロンを使ってパルス状ミューオン・ビームを発生させ、いろいろな科学実験を行ってきたことがわかりました。そして、私がセンター長に就任する年度に、筑波ＫＥＫ内に建屋の建設が始まることになりました[17]。建屋の建設がスムーズに進展するよう、ＫＥＫと東大本部との意思疎通を図るため、教授の永嶺兼忠さんを助けて、筑波のＫＥＫ事務局にしばしば打ち合わせに出かけました。ＫＥＫ・東大両事務局の尽力、永嶺さんをはじめセンターの研究者の努力によって、建屋と実験装置は予定通り、一九九一年三月に完成し、三月一一日に盛大な完成式典がＫＥＫの新建屋で行われたのは、停年直前のことでした。

半導体黄金時代からナノサイエンス・ナノテクの時代へ

一九九〇年代に入るところまでを振り返ってみると、一九八〇年代は我が国の半導体基礎研究ならびに半導体産業が大いに発展した年代ということができるように思います。それと同時に、我が国の大型計算機の性能も飛躍的に向上し、米国の計算物理の友人たちが大型計算機を使うためにしばしば日本を訪ねてきました。それに伴って、我が国の第一原理計算の研究活動も飛躍的に発展しました。

こうして、半導体黄金時代・計算物理発展の時代という山の頂上に辿り着きましたが、その先にさらに高い山（ナノサイエンス・ナノテクノロジー・計算物理の時代）があることに気付けなかったことが悔やまれます。一九八六年に、ベドノルツ（Johannes Georg Bednorz）、ミューラー（Karl Alexander Müller）両博士が銅酸化物で高温超伝導現象を発見して以来、私の好奇心が配位子場理論の応用として、銅酸化物の電子状態ならびに高温超伝導の起源を明らかにすることに向いて、夢中で研究をしているうちに、半導体やグラファイト関連の新物質の研究への関心が薄くなっていたからかもしれません。

---

(16) ちなみに、物理学科は、教授二〇名、助教授（現在の准教授）一五名、助手（現在の助教）四二名で、教育学部より大きな所帯だったが、学科主任は管理職ではなかった（現在は、大学院大学となり、学科は専攻、学科主任は専攻長となって、管理職）。

(17) 文部省に申請していた特別設備費「ミューオン実験装置」の予算が認められた（二年間）。

表 6.1　停年退官関連行事

1990年9月1日 国際文化会館	東大上村研OBならびに現役院生による還暦祝賀会（図6.14(a)）.
1990年12月20日	物理学科学部学生が毎年暮れに開くニュートン祭（第109回）に出席．会の最後に，サプライズで学生たちから花束をもらう．
1991年1月22日	物理学科3年量子力学必修講義の最後の授業．サプライズで花束贈呈．
1991年2月4日 理学部4号館	東京大学最終講義「物理の面白さ」.
1991年3月28日 午前10時—午後5時 東京大学山上会館	国際シンポジウム「低次元物質の物理学」．長年の親友ミリー・ドレッセルハウス（Mildred Dresselhaus）MIT教授とマーヴィン・コーエン（Marvin Cohen）カリフォルニア大バークレー校教授が招待講演．
同日午後6時— 帝国ホテル富士の間	退官記念パーティ．ミリーさん，マーヴィンさんをはじめ265名が出席．

東京大学停年退官

一九九〇年八月一三日に、私は六〇歳の誕生日を迎えました。還暦と同時に東大を停年退官する年ということで、いろいろ行事がありました。それらを一覧表にして示します（表6・1）。

最後の授業では、「贈　東京大学理学部物理学科一九九〇年進学生一同」とサインしてアルバムを頂きました。そのなかの一枚が、図6・14(b)です。これらの写真を見ていると、そのときの学生一人一人の気持ちが伝わってくる感じがします。そのなかで、大好きな写真を大きくして額に入れ、自宅の書斎の壁に掛けてあります。

東京大学を退官直前の三月二八日には、東京大学山上会館で、長年の親友であるミリー・ドレッセルハウス（Mildred Dressel-haus）MIT教授とマーヴィン・コーエン（Marvin Cohen）カリフォルニア大バークレー校教授を招いての「低次元物質の物理学」と題する国際シンポジウムが開催され、午後六時からは帝国ホテル富士の間で退官記念パーティが開かれました。ミリーさん、マーヴィンさんをはじめ、二六五名の方が出席されました[18]（図6・15）。

東大上村研の大学院学生、外国人客員教授、ポスドクと過ごした二六年

図 6.14 (a)　9月1日，国際文化会館での東大上村研 OB ならびに現役院生による還暦祝賀会．

図 6.14 (b)　1991年1月22日，物理学科3年量子力学必修講義の最後の授業．この授業では，サプライズで花束贈呈と，「最終講義をカメラで写したので，後ほどアルバムにして贈呈したい」との感謝の言葉があった．

東京大学では、一九六五年三月に理学部講師に就任して以来、理学部教授会メンバーとして二六年在職しました（助手・ベル研滞在中の休職を含めると三一年）。この間に、私が指導して理学博士を取得した後期博士課程修了者、あるいは中途退学で助手になった院

(18) 植村研、上村研では、六〇歳での停年退官記念パーティにご案内を差し上げる方々は、五九歳以下というルールがあったので、私の退官記念パーティには、年上の先生方は参加できなかった。そのため、私が、長年大変お世話になった、久保先生、植村先生、江崎先生、鳩山先生には、御礼を申し上げたいと思い、夕食会を企画してお招きした。そのときの記念写真が図6・15(e)。

図 6.15　退官記念パーティ風景（1991 年 3 月 28 日，帝国ホテル）
(a) マーヴィン・コーエン教授の挨拶，(b) ミリー・ドレッセルハウス教授の挨拶と乾杯の音頭，(c) 花束贈呈，(d) パーティ終了後の集合写真（前列左端，娘と初孫），(e) 退官に際して，長年お世話になった久保亮五先生（後列左から 2 人目），植村泰忠先生（後列左端），江崎玲於奈先生（後列右端），鳩山道夫先生（後列右から 2 人目）ならびにご夫人（前列右から久保夫人，江崎夫人，家内，鳩山夫人，植村夫人）をお招きしての御礼の夕食会.

生（東京大学論文博士）は二六名、満期修了者一名、修士課程を修了し、博士課程へ進学するために、他研究室に移った院生、あるいは修士で就職した院生は六名です。外国に出かけたとき以外は、そのときどきの先駆的なトピックスの研究課題について、院生諸君と一緒になって夢中で研究を楽しんでいるうちに二六年が過ぎた感があります。この間、指導をしていると思っているうちに、一人一人の個性の素晴らしい伸長に目を見張るような思いをしたものです。大学院を修了後のその後の進路は、大学教員に在職中の者一五名（北から北大一、東北大一、宇都宮大一、筑波大一、千葉大一、東大三、慶応大一、東海大一、富山県立大一、名古屋大二、京大一、兵庫県立大一）、産業界七名（東芝二、NEC一、リコー一、NTT一、その他二）、高エネルギー加速器研究機構一名、国立研究開発法人二名（物質材料研究機構一、科学技術振興機構JST一）、名誉教授五名（千葉大一、東大一、静岡大一、大阪大一、ピエール・マリーキュリー大一）などです。

一九八〇年代になると、多くの外国人研究者が訪ねてきました。そのうち、ベル研以来の長年の親友であるカリフォルニア大学リバーサイド校教授のマイケル・ポラックさんは、サバティカルでご家族を連れて来日され、東京大学物理学科に三か月（一九八四年九―一二月）、日本学術振興会招聘教授として滞在されました。彼は、「郷に入れば郷に従え」のスピリットで、「保楽」の名刺と印鑑を作り、東大での研究生活を楽しみました（図6・16）。彼は、「不規則系におけるホッピング伝導」の理論物理の研究者で、私と同じくモット先生の門下生でした。上村研の大学院生で、ポラック先生と同じテーマで博士論文の研究をしていた院生の指導をしたり、大学院の講義をすることで、われわれの研究室の活性化に大きな貢献をしました。

図 6.17　上村研外国人ポスドクのデーヴィッド・コー博士（左）.

図 6.16　物理学科客員教授マイケル・ポラック先生．ポラック先生の両隣は，当時の東大物性グループの秘書.

外国人のポスドクについては、第5章で、GICのインターレイヤー・バンドの研究で来られたクリスティアン・フレティーニ博士の紹介をしましたが、一九八九年一月から一九九一年一月までの二年間、ケンブリッジ大学を卒業し、エクセター大学でPh.D.を取得したデーヴィッド・コー（David Ko）博士が、日本学術振興会外国人特別研究員（ポスドク）として、東大上村研に滞在しました（図6・17）。彼は、私のキャベンディッシュ研究所時代の友人ジョン・インクソン（John Inkson）博士（第4章図4・8(b)参照）の学生で、インクソン博士の推薦でわれわれの研究グループの一員となりました。

ケンブリッジ大学の制度では、優秀な学生は、学部を三年間で卒業します。そして、エクセター大学のPh.D.も飛び級で取得したため、東大に来たときは二五歳でした。日本では、博士課程一年の院生と同じ年代でしたので、上村研の院生たちと大変仲良くなりました。香港生まれで、日本語に大変興味があり、学術振興会の費用で日本語の勉強をしました。一年で日本語を話せるようになり、英語で行っていた研究室のゼミも、コーさんの希望で、日本語に戻しました。大変優秀な研究者で、ちょうど高温超伝導の研究が盛んになり始めたときで、高温超伝導についての論文が *Physical Review Letters* に掲載されました。その他、上村研の大学院生（修士コース）広瀬賢二さんを指導して、準結晶の特徴をもつ半導体超格子の電子状態についての論文を共著で二編発表して顕著な研究業績を挙げ、帰国してオックスフォード大学物理学科専任講師となりました。

この章の最後に、私の研究室の歴史を振り返ってみます。

一九六五年三月に植村研究室の助手から理学部講師に昇任したとき、植村先生と相談をして、植村・上村研の大学院生に対する指導は独立に行うが、両研究室の運営、日常の研究室活動は、すべて一体になって行うということにしました。その結果、両研究室の院生たちは、大変仲良く日常生活を過ごし、それが研究面にも反映して、両研究室の壁がまったくなくなりました。両研究室の博士あるいは修士課程を修了した院生たちは、その後の優れた研究によって、現在、大学、国立研究所、産学界で大変活躍をしています。

東大物理学科における植村・上村研のその後についてですが、その後の東大物理学科の教授の公募人事で、塚田捷さん（植村研出身）が分子科学研究所助教授（現在の准教授）から、次に青木秀夫さん（上村研出身）が筑波大学物質工学系講師から、そして現東大理学研究科教授の常行真司さん（塚田研出身）が東大物性研究所助教授から、東大理学部助教授に採用されて、今日、植村・上村・塚田・青木・常行研出身者で「第一原理計算物理グループ」の頭脳集団が形成され、今日の物性物理理論、物質科学理論、第一原理計算物理の分野で、五世代にわたって一〇〇人を超える研究者が世界的に活躍しています。

第7章　変わる私立大学
——日英共同研究「低次元構造半導体とデバイス」

東京大学から東京理科大学へ

一九九一年三月、私は、停年により東京大学を退官しました[1]。現在、我が国の大学は、国公私立を問わず、ほとんどの大学の教員は六五歳で停年になりますが、当時は東京大学と東京工業大学では、教官の停年が六〇歳でした。

一九九二年に、私の退官記念論文集『New Horizons in Low-Dimensional Electron System（低次元電子系の新しい展望）』が発行され、クルワー・アカデミック出版社（オランダ）から贈呈を受けました[2]。この本は、私にゆかりのある内外の研究者二九名が、グラファイト層間化合物、二次元電子系、半導体超格子、擬一次元系金属ポリマー、高温超伝導体、表面、メゾスコピック系、有機導体などのテーマについて、その当時の最先端の研究のレビューを寄稿したものです。執筆者は、ノーベル物理学賞受賞者の江崎玲於奈先生、ネーヴィル・モット先生をはじめ、錚々たる方々でした。

理科大理学部教授会メンバーに

東大停年の一年ほど前に、東京理科大理学部応用物理学科教授（当時）の植村泰忠先生から「自分は学校法人武蔵学園の学園長に就任することになり、応用物理学科の教授ポストが空くので、あなたを推薦したい」との話がありました。東京理科大学が物理学校だった都立四中時代から関心があった大学でしたので、ぜひにとお願いしました。同時に、理科大学長を退職の後、野田キャンパスに生命科学研究所を設立、生物物理の研究をされていた恩師の小谷先生にもそれを伝え、一九九一（平成三）年四月から就任しました。

ここで、まず物理学校・理科大の歴史をみてみましょう。

物理学校・理科大の歴史

江戸時代の学問所「開成所」（現在の東京神田錦町にあった）は、明治維新で閉鎖されましたが、明治新政府・文部省により「東京開成学校」として再開されました。同校では、江戸時代の開成所の伝統を引き継ぎ、全国から優秀な人材として推薦された学生を集めて、英語・フランス語・ドイツ語を学ばせ、成績優秀な者をイギリス・フランス・ドイツなどへ留学させました。また外国人教師による「語学課程」に加えて、法学・化学・工学・鉱山学・諸工芸学（現在の物理・科学技術など）の五

（1）当時は、国立大学の教員は国家教育公務員だったので教官と呼ばれ、停年退職は停年退官と呼ばれた。現在は、国立大学は、国立大学法人の設置する大学に移行し、教員は非公務員。

（2）当時東大で物性理論グループを共同で組織していた塚田捷さん（現東北大学特任教授・原子分子材料科学高等研究機構事務部門長）と青木秀夫さん（東大名誉教授）、長年の友人である米国ベル研究所のマイケル・シュリューターさん（Michael Schrüter）、キャベンディッシュ研究所での共同研究者であるフランシス・レヴィーさん（Francis Lévy）（スイス国立ポリテクニク・ローザンヌ校名誉教授）の四人が編集者だった。

科からなる専門科目を設置し、一八七七（明治一〇）年四月一二日に、東京開成学校は東京医学校と統合、法文理医の四学部を中心とした官立大学校となり、東京大学が誕生しました。その際、教授言語は原則として英語に統一され、東京大学にせっかく新設されたフランス語物理学科は、三年後の明治一三年に廃止されることになったのです。

そこで、明治一一（一八七八）年から明治一三年にかけてフランス語物理学科を卒業した青年理学士二一名は、その存在を後世に伝えるため、「理学の普及をもって、国運発展の礎となす」との理念のもとに「東京物理学講習所」を設立し、明治一四年に神田錦町にあった「大蔵省官吏簿記講習所」に間借りしてスタートしました。これが東京理科大学の前身になります。設立の目的は「明治維新以後、我が国の文運は急速に発展しているが、独り理学のみ発展は遅々としている。しかし、官立大学以外に理学を教育する学校は少なく、これが理学の進歩を妨げている理由である。我々は、これを憂い、土・日曜を除く毎夕、実験を主とした物理の諸学科を教育するので、聴講を希望する者は申し込みなさい」とのことでした（馬場錬成著『物理学校』中公新書、二〇〇六）。

司馬遼太郎著『この国のかたち　三』（文芸春秋、一九九二）では、明治の初期に東京帝國大学が誕生して、西欧文明の知識を学生に伝授していく様子を、自動車の内燃機関とそれに付属する配電盤に喩えて述べています。その中で、「高貴というべき例」として、一私学である東京物理学校誕生の様子が紹介されています。東京大学フランス語物理学科卒業の青年理学士二一名は、国家のカネによって学問を授かったという国恩に報いるために一私学を興し、若い人たちに西洋文明を伝授しました。金がないために、授業は夜のみ、教室は小学校の間借り、機材は母校東大からその都度借り出しては返却するという大変困難で苦しい状況の毎日ながら、平均年齢二五歳の若い理学士たちは、昼間は仕事をしながら無給で生徒の指導に当たったそうです。官立大学の東大物理学科から実験器具を借用するのは、国家財産の備品ですので面倒な手続きが必要でしたが、その世話をしたのが、エール大学への留学から帰国し、二六歳で日本人として初めて理学部教授となった会津藩出身の山川健次郎氏（後の東大総長）でした。

明治一六（一八八三）年に「東京物理学校」（以下、「物理学校」）と改称して学校としての形態は整ったものの財政的には苦しいものでした。そこで、明治一八年に、二一名の創立者のうち、一六名が「維持同盟」を結び、お金を出し合い、週二回の無償講義をすることで、財政的に窮地に陥った学校を救いました。そして、明治三八（一九〇五）年三月、現在理科大のある神楽坂に土地を購入、木造二階建て七四七平方メートルの新校舎が完成したのです（図7・1）。この校舎は、後の関東大震災でも倒壊・焼失を免れ、昭和一二年に、外堀道路沿いに、コンクリートの校舎（図7・2(a)）が建てられるまで、現在の八号館校舎のあたりに聳えていたということです。なお、「維持同盟」の精神は現在の学校法人東京理科大にも引き継がれ、東京理科大学維持会として活動を続け、私もこの精神に賛同してメンバーになりました。

図 7.1　明治 38（1905）年 11 月，現在理科大のある神楽坂に建てられた木造 2 階建て白塗りの校舎．東京理科大学広報課提供．

序章で述べたように、戦後、教育制度が変わり、昭和二四年に物理学校が専門学校から大学となって東京理科大学となり、本多光太

(a)　(b)

図7.2　(a) 物理学校旧1号館（1937（昭和12）年鉄筋コンクリート5階建て校舎として建てられ，第二次世界大戦中も戦災を免れ，戦後東京理科大学校舎となった．1980（昭和55）年に，理科大創立百周年（1981年）事業のために取り壊された）．(b) 創立百周年記念事業の1つ，「神楽坂1号館の17階高層棟への改築」により，1981年に完成した現在の1号館（一番左側の建物）．東京理科大学広報課提供．

郎先生が初代学長に就任して、理学部第一部（昼間）数学・物理・化学三学科と理学部第二部（夜間）数学・物理・化学三学科からなる東京理科大学が誕生しました。一九七〇年七月、大学紛争の最中に、東大の恩師、小谷正雄先生が第四代学長に就任され、一九八二年七月まで、三期一二年務められ、一九八〇年には文化勲章を受章されました。

物理学校についての私の思い出

一九四五（昭和二〇）年八月一五日に第二次世界大戦が終戦になったとき、「まえがき」と序章で述べたように、私は一五歳、都立第四中学校（四中）の三年生でした。終戦直前までは、四中は市ヶ谷の加賀町にありました。一九四五年三月一〇日と五月二五日の東京大空襲のとき、四中の校舎は焼夷弾で焼けてしまいました。当時私は杉並区天沼に住んでいて、中央線で阿佐ヶ谷から市ヶ谷まで通っていましたが、五月二五日の東京大空襲のとき、自宅から見て市ヶ谷方面の空が焼夷弾による火災で真っ赤に見えました。学校のことが心配になり、翌朝早くに自宅を出て、市ヶ谷・左内坂を上って学校まで来ると、校舎が全焼しており、配属将校（中学校に配属された軍事教練を指導する軍人教員）の指揮のもとに、焼け跡の片づけをしました。すぐ近くの飯田橋・神楽坂の麓にあった物理学校（当時は専門学校）の建物は、教員と生徒が大勢、徹夜で消火に当たったため焼失を免れ、コンクリートの建物が焼け野原に唯一残っていたのを坂の上から眺めた記憶があります（図7・2(a)）。

終戦直後、焼失を免れた牛込原町（今の新宿区）の国民学校の校舎で授業が始まりました。当時、数学・物理・化学の先生方は、ほとんど物理学校の卒業生で、実力主義で熱心に講義をされました。たとえば、ガンマというあだ名の数学の先生の授業では、必ずその前の授業の復習を兼ねた問題を授業の初めに黒板に書き、ランダムに生徒を指名して答えを黒板に書かせます。答えが間違っていると、廊下に立たせました。終戦後も廊下に立たせようとしたとき、一人の生徒が「われわれには学ぶ権利がある」と反論したら、「それでは教室の中の窓際に立て」と言われたのです。このようなスパルタ教育で鍛えられているうちに好奇心が刺激されて、いつの間にか数学・物理・化学に興味をもつようになり、それとともに物理学校の名前が自然と心に焼き付いていました。

我が国が近代化を成し遂げた明治から大正にかけての時代の、中学校の数学・物理・化学の教員のうち、実に半数以上は物理学校卒業生で占められ、物理学校の理念どおり、我が国の科学技術の発展に貢献する多くの人材を育成したのです。

物理学校の学則は「引き続き二回落第した者は退学とする」という厳しく、徹底的に実力をつけた者だけを世に出そうというものでした。私も、理学部第一部学部長として、先輩が作り上げた、この実力主義の精神を尊重し、同時に入学試験を経て入学した学生を落第せずに卒業させるために、懇切に指導するという考えから、第一年次の学部学生の授業には関門科目を二つ設け、関門科目の期末試験に合格しないと、留年する制度を維持することに務めました。

シラバスの導入

一九九三（平成五）年七月の、理学部第一部（昼間部）学部長の選挙で、私が選ばれました。理科大に着任して二年目で、理学部他学科の先生方の名前も知らないときでした。同時に、大学院理学研究科の研究科長にも選ばれました。我が国では一九九一年に、個々の大学が学術の進展や社会の要請に適切に対応しつつ、その教育理念・目的に基づく特色ある教育研究を展開できるように、学校教育法、大学設置基準などが大幅に改正され、大学設置基準の大綱化が図られた幕開けのときです。

それまでは、大学で開設すべき授業科目は、一般教育科目（自然科学、人文科学、社会科学の科目から、それぞれ一二単位ずつ合計三六単位を履修する）・外国語科目・保健体育科目および専門科目からなると規定されていました。新しい基準ではこの点が変更され、一般教育科目と専門教育科目の単位数が自由化されました。また、第二外国語も必修にする必要がなくなりました。この大きな改革によって、各大学は学部・学科の教育目的のために必要な科目を開設し、自由な発想と工夫のもとに、体系的にカリキュラムを編成できるようになりました。

そこで着任すると、ただちに理学部における学部教育カリキュラムの抜本的改革に着手しました。当時、大綱化に伴って教養教育が縮小される傾向にありましたが、理学部では専門科目のみならず人間科学・リベラルアーツの学習にも重点を置き、選択可能な一般教育科目の講義数を大幅に増やすことを試みたのです。さらに英語教育については、神楽坂キャンパスに隣接するブリティシュ・カウンシル・ケンブリッジ英語スクールの協力を得て、英国人教員による授業を選択必修で開講しました。

この具体的な講義内容を学生があらかじめ十分に理解できるように、各講義の理念と授業計画の詳細を記述したシラバスを学生に配布しました。それまでシラバスに基づく大学教育は日本の大学にはなじみの薄いものでしたが、ケンブリッジ大学での経験をもとにその制度を導入しました。[3]

連携大学院方式の導入

当時、科学技術の世界では従来の学問の枠を超えた新しい領域が次々と開拓されていました。優秀な物理の学生たちはこのような新しい領域の大学院研究室に進みたいのに、私立大学では予算に限りがあり、研究分野を広げることができませんでした。これを解決するために、官公立ならびに民間の研究所と連携を図り、その研究者を本学の客員教授・助教授として迎え、大学院生が彼らから指導を受けられるよう、大学院制度を柔軟にし、研究科の研究領域の多様化・豊富化、大学院教育の活性化を目指しました。これが、我が国の私立大学における初めての「連携大学院方式」で、平成八年度からスタートしたのです。[4]この方式は、大学・研究所双方にとってメリットが大きく、現在では多くの

（3）この改革は、当時の文部省高等教育局ならびに高等教育発展（Institute for Development of Higher Education：ＩＤＥ）大学協会にも高く評価され、協会の発行する月刊誌『ＩＤＥ現代の高等教育』の「大綱化とカリキュラム改革」特集号で「新しい学部カリキュラム——考え方と実際」という題で掲載された。

国公私立大学がこれを採用しています。同年、『応用物理教育』誌二〇巻、記念特集号で「理工系大学院活性化に向けて――連携大学院方式」という題の招待論文を寄稿しました（二〇巻、二号、二七―三〇ページ（一九九六年一一月））。

理化学研究所（理研）では、理科大との連携大学院方式の成功から、研究者と大学院博士（後期）課程に在籍する若手研究者の共同研究の重要性を認識し、理化学研究所に進学する優秀な連携大学院生をジュニア・リサーチ・アソシエイトとして研究所に採用する制度を平成八年度から導入しました。そして、ポスドクにあたる基礎科学特別研究員制度を包含した基礎科学特別研究員制度推進・審査合同委員会が設置され、私は平成九年度から一三年度までその委員長を務めました。この制度は益々発展し、今日多くの基礎科学特別研究員やジュニア・リサーチ・アソシエイトが誕生して、我が国の科学技術の発展に貢献しています。

第四七回放送文化賞受賞

平成八（一九九六）年三月二二日、第七一回放送記念日には、日本放送協会（ＮＨＫ）から放送文化賞（第四七回）を授与されました（図7・3）。一九七九年に放送科学基礎研究所の客員研究員となり、磁性グループに「量子系における磁気回転の理論」（第2章参照）に基づいて、優れた光アイソレータの機能をもつ新磁気化合物の探索について指導しました。また、放送科学基礎研究所と総合技術研究所が統合されて放送技術研究所に改組されたとき（一九八四年七月）には、研究顧問として「光ディスク」（非接触型光磁気記録媒体）の高密度化に適した物質開発や「光アイソレータ」に適した物質開発、また配位子場理論に基づくカラーテレビの発光材料の研究などについて、アドバイスをしてきました。このような長年にわたる放送文化の向上への貢献が認められての受賞で、物理の世界では茅誠司先生（第一七代東京大学総長）に次いで二人目でした。ベル研時代に言われた「二〇年先を見て研究をしなさい」という言葉が役に立った気がして、その後の研究や大学のアドミニストレーションでも、そのように将来計画を考えるようになりました。

図 7.3　第 47 回放送文化賞受賞（日本放送協会）
1996 年 3 月 22 日，NHK ホール．

計算科学フロンティア研究センターの誕生

一九九五年一一月、我が国が科学技術創造立国を目指すための「科学技術基本法」[5]（議員立法）が成立しました。これにより、政府は一九九六年度から五年間（第一期）で、必要な国の科学技術関係経費として一七兆円の予算を計上して、大学や国立研究所で

（4）現在、理学研究科物理学専攻では、国立研究開発法人理化学研究所（平成八年度当時は理化学研究所）、国立研究開発法人物質・材料研究機構（平成八年度当時は金属材料技術研究所）、NTT物性科学基礎研究所（平成八年度当時はNTT基礎技術研究所）、NHK放送技術研究所、電力中央研究所、国立情報学研究所と協定を結び、理工学研究科と基礎工学研究科では、国立研究開発法人産業技術総合研究所（平成八年当時の工業技術院筑波地区八研究所）および高エネルギー物理学研究所と協定を結んでいる。

（5）基本方針は、「わが国における科学技術の水準の向上を図り、もってわが国の経済社会の発展と国民の福祉の向上に寄与するとともに、世界科学技術の発展と人類社会の持続的な発展に寄与する」というもの。

の基礎研究を積極的に推進することになりました。同時に、従来の欧米追随型の研究から脱却し、起業家精神による未知の分野における基礎研究を開拓、またベンチャー企業を輩出し、我が国の未来の経済・社会にブレークスルーを起こすような「戦略的研究」も推進することになったのです。

第一期が発足した当時の戦略的研究の一つに、情報科学技術（ＩＴ）がありました。二〇世紀の終わり頃、クリントン大統領時代の米国では高性能計算システム、コンピュータネットワークを用いた科学・工学分野における先端的研究や産業への応用研究が、ナノテクノロジーとともに重要な科学技術政策として発展していました。

理学部長の任期の最後の頃、平成七（一九九五）年後半より、大型計算機を用いて計算科学を推進するための、学部・大学院研究科を横断したバリアフリーの組織を東京理科大学に設立しようと考え、平成八（一九九六）年四月、「計算科学フロンティア研究センター」を誕生させました。同年一〇月には、従来学校法人に属していた「情報処理センター」も大学に移管し、「計算科学フロンティア研究センター」と「情報メディアセンター」の研究組織を包含し、すべてのキャンパスの情報科学に関する教育・研究を統括する組織「情報科学研究・教育機構」（以下、「機構」）を設立、初代機構長に就任、またこの巨大組織の教育・研究活動を支援する事務組織「事務技術部」を機構内に設けました。

この機構のユニークな点は、理科大における情報科学技術の教育・研究関連予算の審議を学校法人から大学側、西川哲治学長の下にある機構に移したことでした。この大改革で、学内ＬＡＮなどのインフラも設置され、理科大の情報科学教育は格段に充実・進歩したのです。これは、ＩＴ社会における私立大学の在り方を先取りした理念でした。これにより（財）私立大学情報教育協会から、役員

（理事）に選出され、理科大を代表する「大学代表者」として四年務めました。

また平成八年度に日本政府は、第一次科学技術基本計画を決定し、その中で文部省は私立大学ハイテク・リサーチセンター整備事業を創設しました。(6) 私を研究代表者とする「計算科学フロンティア研究センター」を含む、五五の私立大学の七八研究センターがこれに応募し、審査の結果、われわれの研究センターは認定を受けることができました。

図 7.4　1997（平成 9）年 3 月に野田キャンパスに完成した計算科学フロンティア研究センター棟.

私立大学の建物は、憲法により国費で建てることができませんが、文部省からハイテク・リサーチセンターの選定を受けると、設備費・研究費に加えて、そのセンターの建物の建築費の半額は政府の補助を受けられます。この補助により「計算科学フロンティア研究センター棟」（四階建て二〇〇〇平方メートル）を野田キャンパスに建てることができました（図７・４）。そして一九九七年五月には、同センターとコーネル大学理論センターとの間で国際交流が始まり、フロンティア研究センター代表団の教員一〇名がコーネル大

(6) この事業は、私立大学の大学院・研究所の中から、私立大学ハイテク・リサーチセンターを選定して、最先端の研究開発プロジェクトの実施に必要な施設、研究装置・設備、研究費等に対する総合的な支援を行うもので、新素材開発、エネルギー開発、情報科学、ガン・エイズ対策、バイオテクノロジーなど社会的要請の強い最先端の研究開発が期待できる分野（原則として、理工系、情報系、生物系、医歯系を中心としたもの）の研究開発プロジェクトを対象とした。このときは、五五大学七八研究センターが応募し、二二私立大学の二二研究センターが認定を受けた。

図 7.5　コーネル大学理論センターを訪問したフロンティア研究センターの代表団.

図 7.6　1997 年 6 月 26 日，コーネル大学と東京理科大学間の学術交流協定に調印する西川学長とスコット・コーネル大学副学長（後列は川井忠彦センター長と筆者）.

学を訪問し、二日間にわたるシンポジウムが開催されました（図７・５）。一九九七年六月二六日、両大学の国際交流・学術交流に関する覚書交換の式典が西川哲治学長とコーネル大学研究担当副学長ノーマン・スコット博士との間で行われました（図７・６）。六月二七日、計算科学フロンティア研究センター棟完成記念式典が野田キャンパスで行われ、その翌日には、両センターの学術交流を記念する講演会も開催されました。

「計算科学フロンティア研究センター」は、当初、量子系、流体系、固体系、人間・ロボット系の四つの部門で構成され、二年度目に生命系と複雑系を加え、五年間にわたって一〇〇〇編を超える論文を発表し、計算科学の発展に大きな貢献をしました(7)。

東京理科大と欧米諸大学との国際交流

私が関与した東京理科大と欧米諸大学との国際交流については、コーネル大学との協定以前に、ル

図 7.7（a）　ルイ・パストゥール大学ギルバート・ロストリアッツ学長の本学訪問.

図 7.7（b）　理科大学—ルイ・パストゥール大学シンポジウム集合写真（前列右端，吉田充輝理科大・ULP 委員長，右から 4 人目エーレスマン副学長，5 人目岡村弘之理科大学長，左から 4 人目塚本桓世理事長）.

イ・パストゥール大学（ストラスブルグ第一大学）と生命科学研究所（野田キャンパス）との間に締結された学術交流に関する協定があります。一九九一年理科大学に着任すると、西川学長に「この学術交流を全学部に広げて、大学間の学術交流にしたいので、

（7）二〇〇一（平成一三）年三月に顕著な研究成果が高く評価されて更に三年間、整備事業を継続することが認められ、二〇〇四年三月まで研究を継続し、研究成果の事後評価について、「AA」の総合評価を得て終了した。

手伝ってほしい」と要請されました。生命科学研究所長の鶴田禎二先生、理工学部応用生物学科の杉崎善次郎先生と三人で両大学間における学術交流に関する協定文を作成しました。一九九三年三月一四日には、ルイ・パストゥール大学ギルバート・ロストリアッツ（Gilbert Loustriat）学長一行が来学され、協定文の調印式が本学で行われました（図7・7(a)）。

そして、二〇〇三（平成一五）年六月五、六日には、協定後一〇年が経過したことを記念して、理科大神楽坂キャンパス（森戸記念館）で、東京理科大学—ルイ・パストゥール大学シンポジウム「物質と生命の科学」が開催され、シンポジウムの最後には、私が「両大学間学術交流の過去、現在、未来」と題した講演をしました（図7・7(b)）。

理科大時代に関わった特記すべき二国間国際交流

（一）低次元構造半導体とデバイスに関する日英共同研究

東大時代から関与してきた、さまざまな国際共同研究のなかで特筆すべきものに、私が日本側代表者だった平成三（一九九一）—五年度までの三年間にわたる「文部省・英国科学院覚書に基づく日英共同研究（低次元構造半導体とデバイス、Low Dimensional Structures and Devices：ＬＤＳＤ）」があります。この共同研究の発端は、昭和五七（一九八二）年一〇月の覚書に基づき、文部省と英国科学院との間で行われてきた科学・工学分野での研究協力にあります。これを一九八九（平成元）年以降も継続する交渉において、新たに半導体分野「ＬＤＳＤ」[8]についても共同研究を行いたい旨の提案が英国側からあり、当時、ＩＵＰＡＰ半導体コミッション委員長だった私を日本側代表者に指名してきました。

図 7.8　第 1 回 LDSD（N+N）会合（N=15）の集合写真.

予備交渉を通じて、日英両国の交渉は進展し、一九九〇（平成二）年三月に、文部省（現在の文部科学省）と英国科学技術院（Science Research Council：SRC）との間で、科学・工学分野での研究協力に関する覚書改訂版が調印されました。この交渉は東大教授在職時に行われ、東京理科大教授に就任後に、平成三年度科学研究費補助金（国際学術研究）が文部省から交付されたので、事務は東京理科大学事務総局総務部・財務部で行いました。日英合計一四名の研究者による優れた共同研究で、三年間で多大な成果を挙げ(9)、平成五年、報告書を文部省と英国科学技術院に提出して、成功裡に終了しました。この成功による、英国のその後の半導体研究の進歩は目覚しいものがありました。図7・8は、文部省・SRC間の調印を記念して、オックスフォードの近くのアビンドンにあるSRCのCosener's Houseで開催された第一回LDSD（N+N）会合（N＝一五）の集合写真です。

（8）一九八九（昭和六四）年一月七日に昭和天皇が崩御され、一月八日から年号が平成に変わった。
（9）交渉に二年かかって、日英共同研究も平成三年に正式に発足することになり、参加研究者は、日英それぞれ七名（7+7）、日本側科学研究費の総額（派遣・招聘旅費と滞在費）は、一二五〇万円だった。

（二）英国物理学会名誉フェロー（Honorary Fellows）

二〇〇一年七月下旬、私の自宅宛に当時の英国物理学会（Institute of Physics）会長ピーター・ウイリアムス卿（Sir Peter Williams）から書簡が届きました。ピーター卿は、固体中の電荷密度波の発見で世界的に著名な研究者で、キャベンディッシュ研究所時代から親しくお付き合いをしてきた間柄です。書簡は、「英国物理学会評議員会は、七月二四日の会議で、貴殿に名誉フェローの称号を授与することに決定したので、二〇〇二年一月二四日ロンドン市サボイホテルで行われる授賞式ならびに受賞を祝う晩餐会に出席ください」という、まったく思いがけないものでした。授賞理由は「東大、ベル研究所、ケンブリッジ大学、パリ大学、東京理科大における貴殿の物性理論に対する偉大な貢献、ならびに文部省・英国科学院覚書に基づく日英共同研究（低次元構造半導体とデバイス）の成功を高く評価して」とあり、大変光栄に思いました。

その年の九月一一日には、「アメリカ同時多発テロ事件」が起こり、世界的に警戒が大変厳しいなかで、二〇〇二（平成一四）年一月二四日、ロンドンのサボイホテルにおける英国物理学会による授賞式（Award Dinner）で、名誉フェロー（終身）の称号を授与されました。名誉フェローの称号を最初（一九二一年）に授与された研究者は、電子を発見したJ・J・トムソン卿（Sir Joseph John Thomson、第三代キャベンディッシュ・プロフェッサー（第4章参照）、一九〇五年ノーベル物理学賞受賞）です。キャベンディッシュ研究所には、仁科芳雄先生をはじめ日本の物理の碩学が大勢留学していましたが、J・J・トムソン卿以来八一年の歴史の中で、日本人としては初めての受賞とのことでした。当時、健在の名誉フェローは三〇名弱でしたが（表7・1）、最近はもっと多くなっています。

授賞式には、IUPAP半導体コミッションの私の前期の委員長で、名誉フェローのヒルサム博士をはじめ、およそ四〇〇人が出席していました。二〇〇二年の名誉フェローに選ばれたマーティン・リース卿（Sir Martin Rees、宇宙物理学）、デニー・ウィルキンソン卿（Sir Denys Wilkinson、原子核物理学）、と私（物性物理学）の三人が、ハイテーブルから会場の中を一周して壇上に上がり、ウイリアムス会長から簡単な紹介があり、名誉フェローの賞状を授与されました（図7・9(a)）。

一九八八年にアメリカ物理学会からフェロー（現在は終身フェロー）の称号を授与されたときのサイテーションに「日米物理学会間の緊密な連携を推進したことへの貢献」という文章があるように、物理学の先進国である英米の物理学会が日本物理学会と両学会間との国際交流を促進した私の貢献を高く評価してくださったのです。銅酸化物高温超伝導を発見したアレクッス・ミューラー博士や、英国駐日大使のスティーブン・ゴマソル卿（Sir Stephen Gomersall）からもお祝いの言葉を頂き

表 7.1　英国物理学会名誉フェロー（2002 年当時，生存者 30 名以内）

Honorary Fellows

At present the Honorary Fellows are:

Professor P W Anderson
Professor Sir Michael Berry
Sir Hermann Bondi
Professor Georges Charpak
Sir Sam Edwards Load Flowers
Professor J Friedel
Professor Stephen Hawking
Professor Peter Higgs
Professor Cyril Hilsum
Professor W E Lamb
Professor Anthony Leggett
John Logan Lewis
Sir Bernard Lovell
Professor H Maier-Leibnitz
Sir Peter Mansfield
Professor M G K Menon
Professor R L Mossbauer
Professor Sir Roger Penrose
Sir Brian Pippard
Professor Sir Joseph Rotblat
Professor V F Weisskopf

New elections in 2002

Professor Hiroshi Kamimura
Professor Sir Martin J Rees
Professor Sir Denys H Wilkinson

(a)

(b)

図7.9　(a) 2002年に名誉フェローの称号を授与された3人の研究者. (b) 他の賞を受賞した友人たち. 右カッパソ (Federico Cappasp) ハーバード大学教授, 左スコールニック (Maurice Skolnick) シェフィールド大学教授.

ました。なお、この授賞式の後には英国物理学会の他の賞の授賞式もあり、私の友人たちが受賞しました（図7・9(b)）。

(三) 第二一回半導体物理学国際会議

第6章で述べたように、一九九二年八月、北京で第二一回ＩＣＰＳが開催されました。北京開催に反対の欧米の研究者が参加しなかったため、参加者総数は五〇〇人余でしたが、我が国からは一〇〇人を超える研究者と大学院生が参加しました。

私は、天安門事件でパスポートを持たないで海外の大学に移ったおよそ四〇人の中国人研究者と大学院生が、コミッションと中国政府との間の約束「海外から国際会議に参加する中国国籍研究者の身分の保証」に従って仮入国証で入国し、身分を拘束されることなく出国できるかを見守っていました。会議終了後に不測の事態もなく、彼ら全員が無事に出国したとの報告を受け安心しました。二国間の外交交渉ではスムーズに運ばないことでも、ＩＵＰＡＰのような科学者の国際組織による外交交渉で誠意を尽くせば、成就することもあるのです。コミッション会議で否を投じた委員たちもこの会議には参加しており、真の民主主義の姿を垣間見ました。こうして、第二一回ＩＣＰＳは無事に終了し、私のＩＵＰＡＰでの長年の務めも、委員たちの献

図 7.10　北京で開催された第 21 回 ICPS 中の諸イベントの写真
(a) 開会式風景（前列左から，謝希徳委員長，筆者，黄昆プログラム委員長）．(b) 日本代表団の集合写真．(c) 故宮への遠足（後列左から，植村春子夫人，上村美和子夫人，林敬子夫人，前列，押山優美子夫人．(d) 万里の長城への遠足．

身的な協力で無事に終えることができたのです（図7・10(a)-(d)）。

（四）第二五回半導体物理学国際会議

二〇世紀最後のＩＣＰＳは日本で開催することが内定し、私が組織委員長になりました。トランジスタ世紀ともいわれた二〇世紀を締めくくり、二一世紀を展望する二〇〇〇年の半導体物理学国際会議を我が国で開催することになったのは、半導体物理学の基礎と応用の分野における我が国の研究が高く評価されたからです。学界、産業界が一体となって会議を運営することとなりました[(10)]。

幸い、このような大きな会議のために申し分のない広さと素晴らしいＩＴ設備を備えた、大阪国際会議場（図

図7.11　大阪国際会議場（右端）とリーガロイヤルホテル．

図7.12　高円宮・同妃両殿下（開会式）．

7・11）が二〇〇〇年四月にオープンしました。隣接するリーガロイヤルホテルも会議の重要性を認識し、格段の便宜を図ってくださいました。

会議は、高円宮・同妃両殿下のご臨席の下に行われた開会式（九月一八日）から始まりました（図7・12）。我が国開催の国際会議としては、大規模なものでした[11]。優れた博士論文に賞を授与する制度を設けたせいか、大学院生の参加者が二三二人（国内一一七人、国外一一五人）と多かったことが一つの特色でした。

また本会議の前日の夜には、高円宮・同妃両殿下を囲んで晩餐会を開催しました[12]（図7・13）。高円宮・同妃両殿下は、開会式当日、開会式直後のプレナリー講演だけでなく、午後の一般講演のセッションにもご臨席され、さらに展示会の様子もご覧になられて、外国人参加者に深い感銘を与えました。両殿下のホスピタリティに一同、深く感動したとのことで、IUPAP半導体コミッションから、これまでで最も成功した会議との高い評価を頂きました。

（五）二一世紀最初の『半導体科学技術全書』

二〇〇一年二月末、理科大のオフィスに国際宅急便が届き、*Com-*

prehensive Semiconductor Science and Technology（略称、ＳＥＳＴ、『半導体科学技術全書』全六巻、約三五〇〇頁）を手にしました。これは企画から八年の年月がかかったものです。

二〇〇三年、ＩＵＰＡＰ半導体コミッションで、私の前任の委員長シリル・ヒルサム（Cyril Hilsum）博士から、一九九二年に出版した*Handbook on Semiconductors*（全四巻）の改訂版を出したいので、物理担当の編集長を引き受けてほしいと依頼されました。発案者のヒルサムさんらは事情で編集長を続けることができなくなり、新たにデバイス分野の世界的権威で若い世代のパラブ・バタチャーヤ（Pallab Bhattacharya）博士（米国ミシガン大学工学部教授）と、ロベルト・

図 7.13　殿下と話をする筆者（9 月 17 日，晩餐会の直前）.

（10）江崎玲於奈先生が名誉委員長兼募金委員会委員長、渡辺久恒さん（当時日本電気株式会社研究開発グループ支配人）と邑瀬和生さん（当時大阪大学大学院理学研究科教授）が副委員長となり、組織委員会幹事会を構成しました。その他の幹事は、濱口智尋さん（当時大阪大学大学院工学研究科教授）が総務幹事、安藤恒也さん（当時東京大学物性研教授）がプログラム部会長、三浦登さん（当時東京大学物性研教授）が出版部会長、榊裕之さん（当時東京大学生産技術研究所教授）が展示部会長、白木靖寛さん（当時東京大学先端科学技術研究所教授）が財務部会長、中山正昭さん（当時大阪市立大学工学部教授）がエクスカーション部会長を務めた。

（11）参加者は、国外から五二三人（三五か国一地域）、国内から五二五人で合計一〇四八人、同伴者六八人（国内一五人、国外五三人）だった。

（12）太田房江大阪府知事、吉川弘之日本学術会議会長、マニュエル・カルドナＩＵＰＡＰ半導体コミッション委員長、ノーベル物理学賞受賞者の江崎玲於奈、クラウス・フォン・クリッツィング、ホルスト・シュテルマー三博士をはじめ、内外の主要参加者（ＶＩＰ）と夫人らが出席した。

フォルナリ（Roberto Fornari）博士（ドイツ・フンボルト大学物理学部教授）がそれぞれデバイスと物質担当の編集長に就任しました。

その後、編集会議を経て、一七二人の執筆者により、二〇一一年二月末に『半導体科学技術全書』がオランダのエルゼビア出版社から出版されました。全体が物理と基礎理論、物質作成と性質、デバイスと応用の六つのセクションに分かれており、物理の第一、二巻では三三人の執筆者中一九人が日本人研究者で、半導体黄金時代を築いた日本の人材育成の成果が反映されています（図７・14）。

全六巻が、半導体の基礎から応用までのすべての発展を網羅した一冊の本のように、「事典であると同時に、教科書にもなる」というコンセプトで、図を豊富に入れ、またデバイス、物質、理論の各セクションが互いに関連し合うように記述や引用の仕方に注意しました（全書の内容の詳細に興味のある読者は、『固体物理』四六巻、四号、四三―四五ページ（二〇一一年）を参照のこと）。この全書が、一人でも多くの研究者や学生に読まれ、今後の半導体の発展と実用化に役立つことを願っています。

高円宮殿下の薨去

二〇〇二年一一月二一日、高円宮殿下は、カナダ大使館でのスカッシュの練習中に心不全で倒れられ、薨去されました。生前最後にお会いしたのは、二〇〇一年三月五日に宮邸に伺ったときです。二月二七日―三月五日、宮様のカメラがとらえた「素晴らしい地球」展が日本橋三越本店で開かれました。殿下は、学習院高等科時代に写真部に所属し、写真に強い関心をお持ちで、ご公務の合間に許されたわずかな間にシャッターを切るのだと仰られていましたので、ぜひ拝見したいと思い写真展に行きました。

世界のさまざまな国での国民の歓迎の様子、雄大な風景や可愛らしい動物たちなど一〇〇点の写真を拝見しました。殿下のお気持ちを述べられたメッセージの入った写真集を購入し、殿下に「サインを頂けませんか」と申し出ると、翌三月五日の午後一時に宮邸にお出でなさいとのご返事を頂きました。その日は、殿下ご自身で墨を磨り「憲仁」と署名して下さったことに大変感激しました。この写真集は、今でも我が家の宝として飾っています。

復旦大学物理学部との交流

一九九〇年以来二〇余年にわたり、親しくお付き合いをしてきた復旦大学物理学部の主任教授でアカデミシアンの王迅（Wang Xun）先生から招聘を受け、二〇一二年五月一四―一八日の五日間の日程で復旦大学物理学部と蘇州科学技術大学を訪問し、大変な歓迎を受けました。

図 7.14　21 世紀最初の『半導体科学技術全書』.

復旦大学物理学部との交流については、第6章で簡単に触れましたが、一九八三年から一九八八年まで復旦大学の学長であった謝希徳（Xie Xide）先生との付き合いに始まります。謝先生は一九五〇年代にＭＩＴに留学し、ジョン・スレーター（John Slater）教授の指導の下で半導体の電子状態をバンド計算の手法で研究、Ph.D. を取得しました。その後中国に帰国し、復旦大学物理学部の教授に就任しました。

図 7.15　ワークショップにおける日本代表団の集合写真（久保亮五，中嶋貞雄，豊沢豊，川崎恭治，一丸節夫，鈴木増雄，塚田捷，福山秀敏，安藤恒也，筆者（敬称略））.

文化大革命のときは、大変な苦労をされたということですが、革命が収束すると復旦大学に戻って、大学における教育・研究を欧米並みの水準に上げようと努められました。

一九八〇年代前半の我が国は、高速大型計算機の開発と計算物理の研究で世界のトップを走っていました。一九八三年、計算物理の大家ケネス・ウィルソン（Kenneth Wilson）博士[13]が、アメリカ議会で「アメリカの大学にスーパーコンピュータ・センターを設置して、計算物理の研究を推進しなければ、計算物理の分野は日本に征服されてしまう」という演説をし、当時のロナルド・レーガン大統領がアメリカ国内の四つの大学にスーパーコンピュータ・センターの設置を認めました。

一九八五年五月、我が国で初めてＧＩＣの国際シンポジウムを開催したときには（第5章参照）、復旦大学から、実験家と謝先生の研究室の計算物理の理論家・葉令博士を招待しました。そのお礼ということで、謝先生が突然、東大物理学科の私のオフィスを訪ねてこられたのが、お会いした最初でした。謝先生も、日米における計算物理の発展に注目され、「復旦大学もバスに乗り遅れないようにしたい」、また私がＩＵＰＡＰ半導体コミッションの委員長だったので、「中国の半導体物理学研究の発展の著しいことを考慮して、半導体コミッションの一〇人のメンバーの中に、中国のメンバーを入れてほしい」などの話をされました。

そして、先生の研究分野である物性物理で、アジア太平洋地区における研究者との国際交流を始められたのです。すなわち、一九八六年に「統計力学及び物性理論」に関する日中ワークショップを企画、開催されました（図7・15）。

一九八七年、ワシントンで開催されたＩＵＰＡＰの総会で、私が半導体コミッションの委員長に再任されたとき、謝先生も中国代表として認められ、一九九〇年九月まで一緒に仕事をすることになりました。実現には紆余曲折がありましたが、一九九二年にＩＣＰＳを北京に誘致したのも謝先生です（第6章参照）。

復旦大学による招待の真の理由

今回、復旦大学物理学部が筆者と家内を招待した本当の理由は、歓迎昼食会の席上の沈健（Shen Jian）物理学部長の挨拶でわかりました。それは「第二一回ＩＣＰＳを北京で開催することに尽力したことに対して、学部として感謝の気持ちを伝えたい」ということだったのです。沈先生からは、挨拶の最後に、「筆者と家内の五日間の滞在中、部長秘書の韋佳（Jia Wei、若手の女性研究者）博士を私たちの臨時秘書とするので、その案内で上海と蘇州への旅を楽しんでほしい、との大変心温まる言葉を頂きました。そのとき、日中国交正常化を成し遂げた田中角栄氏に対して、周恩来氏が言った中国のことわざ「水を飲むとき井戸を掘った人のことを忘れてはならない」を思い出しました。

（13）一九八二年ノーベル物理学受賞、当時コーネル大学教授。くりこみ群の方法で近藤効果の問題を解明した。

新キャンパス構築に対するアイディア

復旦大学では、謝先生の弟子で物性理論グループ教授の楊中芹（Yang Zhongqinf）さんの案内で、新キャンパスを視察しました。復旦大学は、一九〇五年に設立され、現キャンパスは一一〇年の歴史があり、ほぼ東京大学本郷キャンパスと同じ広さですが、新学問の誕生で新しい研究棟が次々に建ち、満杯になりつつありました。そこで、大学から車で二〇分ほどの上海市の北の境界近くに、旧キャンパスとほぼ同じ面積の新キャンパスを開拓したのでした。そのときは、まだほとんどが更地で、先端科学、生物学研究所などの新しい分野の研究棟は完成していましたが、物理学棟などは地鎮祭を終えたばかりで、完成まで数年かかるとの話でした。

日本の大学では今ある建物を壊して、そこに新しい建物を建てるので、騒音等で授業や研究に大変な不便を強いられます。さすが土地の広い中国では、そのような不便を強いられることなく、新しい建物が完成したら引っ越すのです。新キャンパスの周りには、学部学生の寮であるマンションが立ち並び、学生主体に計画が進むことも学ぶべきところと思いました。

先端科学の建物は、玄関を入ると天井の高い広いホールがあり、ここで学生がポスドクや教員たちと自由にディスカッションできるようになっており、セルフサービスのコーヒーやお茶のマシンもありました。日本の大学では、教室、事務室、研究室などがぎっしりと並んでいて、まったくゆとりがない感がします。大学の建物を建てるときに、コミュニケーションの場を設置する規定を入れると、研究環境がかなり変わるのではないでしょうか。

第一日目（五月一四日）は歓迎の晩餐会（図７・16(a)）、二日目には『半導体科学技術全書』贈呈

(a)

(b)

図 7.16　(a) 謝先生のグループによる歓迎同窓晩餐会. (b) 謝先生の銅像の前で（右がホストの王迅先生，左端が臨時秘書の韋佳さん）.

式、私の講演などの公式行事がありました。三、四日目は、韋佳さんの案内で、高速鉄道で上海市から待望の蘇州に出掛け、蘇州科学技術大学馬教授夫妻の案内で、拙政園とユネスコ世界遺産に登録されている古典庭園を見物しました。最終日（五月一八日）には、宿泊した復旦大学の五つ星ホテルCrown Plazaの前にある大学付属アメリカ・文化センターの庭で、竣工したばかりの謝希徳先生の像にお参りして、帰国の途に就きました（図7・16(b)）。

理科大外での兼務の仕事

（一）放送大学客員教授

放送大学では、設立五年目の一九八七（昭和六二）年度から、「物質の科学」という授業科目を増設することとなり、物質の科学Ⅰ（化学系）は田丸謙二先生（当時東京理科大学教授、東大名誉教授）、物質の科学Ⅱ（物理系）は筆者、物質の科学Ⅲ（生物系）は野田春彦先生（当時放送大学教授、東大名誉教授）がそれぞれ主任講師を務めました。私の授業科目は、物質科学・物理編となり、理科大時代の一九九九年まで続きました。

（二）NECシンポジウムと日本電気（NEC）基礎研究所研究顧問

一九八〇年代になり、菅野暁さんが、植之原さん[14]や中央研究所長の篠田大三郎さんと「NECシンポジウム」を構想し[15]、一九八六年一〇月に第一回シンポジウム（箱根開催）がスタートしました。第一回のテーマは、原子をある個数集めた新物質相（マイクロクラスター）の、電子状態・安定性・物性となりました。私も運営委員の一人となり開いた第二回シンポジウムでは、一九八六年にIBMチューリッヒ研究所のベドノルツとミューラー両博士によって発見された「銅酸化物高温超伝導体における超伝導のメカニズム」[16]をテーマに取り上げました。そのミューラー教授がプレナリー・スピーカーとして出席したため、NECシンポジウムは世界に広く知られるようになりました。

また一九九二年には、NEC基礎研究所の研究顧問に就任しました[17]。その業務は、理論グループの研究にアドバイスをすることと、所長の諮問に答えることでした。研究顧問として一二年務め、二〇〇四年三月退職しました。

（三）高エネルギー物理学研究所ブースター施設利用委員会委員長

一九七六年、筑波山の麓の松林の中に、高エネルギー物理学研究のために建設中であった、一二〇億電子ボルト（＝12 GeV、Gは一〇億倍を意味する）陽子シンクロトロンが完成しました[18]。一九七一年に設立された高エネルギー物理学研究所（現高エネルギー加速器研究機構）での研究のスタートです。その後、陽子シンクロトロンのうちの小型の「ブースター・シンクロトロン」は、中性子散乱を用いた物質構造や磁性の研究、ミューオンによる触媒核融合や陽子線を用いたガン治療の臨床研究など、広い分野の研究や病気の治療に利用されました。

このブースター利用施設委員会の委員長を、一九八九―九五年の三期務めました。この間、筑波大学陽子線医学利用研究センターのガン患者の治療のために、「ブースター」[19]を利用するマシンタイムを大幅に増やすことを心掛けました。この他、日英中性子散乱研究協力事業の日本側評価委員会の委員長（一九九五年）と、高エネルギー物理学研究機構で開催された「パルス中性子源施設（ＫＥＮＳ）」（二〇〇八年一月三〇―三一日）の国際評価委員を務めました。

(14) ベル研究所で付き合いのあった植之原道行氏がベル研を退職して帰国し、一九六七年に日本電気株式会社中央研究所電子デバイス部長として入社、当時ＮＥＣ専務取締役だった。

(15) その構想とは、ＮＥＣ（株）の支援によって国外約一〇名、国内約二〇名のトップレベルの研究者を一堂に集め、三泊四日の会議で、新物質相設計のための新しい概念や方法論について意見交換すること。

(16) この発見で、ベドノルツ・ミュラー両博士は、前年の一九八七年にノーベル物理学賞を受賞。

(17) 一九九一年三月に東京大学を停年退官し、私立の東京理科大学教授になったとき、民間企業の研究顧問との兼職が可能になり、就任にあたっては、東京理科大理事長の許可を得た。

当時、基礎研究所の理論の部には、東大上村研出身の押山淳さん（現名古屋大学未来材料・エレクトロニクス研究所特任教授ならびに東大名誉教授）と杉野修さん（現東大物性研究所准教授）、シリコン・マイクロ・クラスターの電子状態の第一原理計算をしていた斎藤晋さん（現東工大大学院理工学研究科教授）たち、何人かの計算物理の理論家が研究所員として勤めていた。

(18) この陽子シンクロトロンは、五億電子ボルトまで陽子を加速する「ブースター」シンクロトロンと、一二〇億電子ボルトまで加速する「主リング」から構成されている。この加速器は二〇〇五年一二月に役目を終えた。

(19) 文部省高エネルギー物理学研究所と連合王国科学工学会議（ＳＥＲＣ）の間で締結された。

創立一五〇周年で変化を遂げるキャベンディッシュ研究所

現在の第九代キャベンディッシュ教授フレンド（Richard Friend）卿は、私が一九七四年にキャベンディッシュ研究所客員所員（ＰＣＳグループ）となったとき、物理学大学院博士課程の一年に入学してＰＣＳグループ所属となり、グループ長のヨッフェさん同様、今日まで親しくお付き合いをしています。第七代キャベンディッシュ教授のピパードさんまでは研究所長も兼ねていたので、雑用が膨大で大変でした。そこでピパードさんは、研究所長は五年任期で他の教授が務めるよう制度を変えました。一九八四年、ピパードさんの定年（六七歳）後の第八代キャベンディッシュ教授には、ポリマー、コロイド、スピングラスなどの複雑系物質の理論で有名な、私と同じゴンビル・キースカレッジ（Gonville and Caius College）所属のサム・エドワード（Samuel Edward）卿が就任しました。彼は、キャベンディッシュ研究所の研究の主要テーマをポリマーならびにソフトな物質の物理に絞ったので、モットさんやピパードさんの時代の固体物理中心の研究から大きく変わりました。エドワードさんが停年（一九九五年）の後、第九代に選ばれたのがポリマー物理のフレンドさんでした。このとき、第六代のモット先生も健在で、第七代のピパードさん、第八代のエドワードさんと四人で撮った珍しい写真があります（図７・17(a)）。

二〇一一年九月一九―二三日にワルシャワで開催された欧州物質科学会秋の総会の高温超伝導シンポジウムで招待講演を行った後、一〇年ぶりにキャベンディッシュ研究所を訪問しました。そこでまず驚いたのは、日英半導体共同研究の折、しばしばモット先生と高温超伝導の議論をした英国高温超伝導研究センター（Interdisciplinary Research Centre in Superconductivity、一九八七年創設）（第

図 7.17　(a) リチャード・フレンドさんが第 9 代キャベンディッシュ教授に就任したとき，第 6 代モットさん，第 7 代ピパードさん，第 8 代エドワードさんとの写真（1995 年，この年の 8 月にモット先生は 90 歳で亡くなりました）．(b) モンド研究所の正面玄関（右側の壁にワニの彫刻が見える）．(c) 彫刻ワニの拡大写真．

5章図5・7の建物）が改組されてポリマーの研究所に変わっていたことです。お茶の時間に集まった学生たちから「モット先生はどんな学者だったか」「なぜ超伝導の研究をしたのか」など尋ねられて当時の話をすると、「昔と今のキャベンディッシュの雰囲気が信じられないほどに変わっている」との意見が多くありました。

ビルディングの名前も、「英国高温超伝導研究センター」から、キャベンディッシュ研究所の低温物理研究の歴史で有名なカピッツア（Pyotr L. Kapitza）博士の名前をつけて「カピッツア・ビルディング」に変わっていました。一九七八年に低温物理学における基礎的発明および諸発見によりノーベル物理学賞を受賞したカピッツア博士の名前がどうしてここに付けられたのでしょうか。

一九一八年、現在のサンクト・ペテルブルク市にあるサンクト・ペテルブルク大学を卒業し、ヨッフェ（Abram F. Ioffe）教授の研究室に入ったカピッツアさんは、一九二一年にケンブリッジ大学キャベンディッシュ研究所（実験物理学科）に留学し、ラザフォード教授の指導の下に原子核実験に従事し、強磁場下でアルファ粒子の霧箱写真を撮る試みで博士号を取得、次いで強磁場を用いた低温実験に興味をもち、水素やヘリウムの液化の実験に着手しました。ラザフォード第四代キャベンディッシュ教授は彼のために、ロンドン王立協会に働きかけて、モンド基金による王立協会モンド研究所を旧キャベンディッシュ研究所内に建て、カピッツアさんが所長となりました。彼は、そこで大量の液体ヘリウムを製造できる液化装置を開発して有名になりました。彼の要望で、このモンド研究所（図7・17(b)）の建物の外壁にはワニの彫刻（図7・17(c)）が彫られています。ロシアでは、偉大な人をワニで表すそうで、ワニの彫刻はカピッツアさんが尊敬していたラザフォードを表したものと言われています。

その後、カピッツアさんは、一九三四年に休暇で、共産主義に体制が変わったソビエト連邦に帰りましたが、当時のソビエト連邦共産党書記長スターリンは出国を許さず、その代わり彼のためにモスクワに研究所を設立しました。ラザフォードさんは、カピッツアさんがモンド研究所で使うことになっていた実験設備をケンブリッジからモスクワまで送りました。一九三七年、彼はその装置でヘリウム4を液化し、超流動性を示すことを発見したのです。彼は膨張タービンを使う気体液化装置を発明し、ソビエト重工業の発展に貢献した功績で、共産主義の厳しい言論統制下の国であるにもかかわらず、ソビエト首脳に対して自由に発言する特権を得て、一九三九年、強制収容所に収容されていたレフ・ランダウ（Lev Landau）博士を釈放させました。[20] このようなカピッツアさんの人道的な行動は、物理の世界では大変高く評価されています。

二〇一一年九月の訪問では、副所長兼半導体物理グループ長のリッチ教授（David Ritchie）に会い、今述べたキャベンディッシュ研究所の最近の大きな変革の目的について話を伺いました。マクスウェルが創立して以来、キャベンディッシュ研究所は二〇二四年に一五〇周年を迎えます。それに向けて研究所が「依然として教育・研究で世界をリードし続けようとするためには、どのような取り組みをなすべきか」と、有識者に尋ねたところ、大変な議論の結果、次のようになったとのことです。

顕著な変革の一つは、物理学が主役であった二〇世紀に対し、二一世紀の主役はバイオロジーであるとの観点から、物理学、生物学、医学の接点として、物理、化学、生物、遺伝、生化学、臨床医学、理論物理ならびに計算物理の研究者を選抜して、「医学の物理学」(Physics of Medicine) と称する横断型研究・教育センター (interdisciplinary centre) を設立。そして、この構想を実現するための寄付を募り、その壮大な横断的研究・教育を実施するための建物を、キャベンディッシュ研究所の一部として二〇〇八年に玄関前に建てたということでした(図7・18)。さすがは世界に冠たる物理学の

(20) レフ・ランダウ博士の業績は、物理学のほとんどあらゆる分野に及んでいるが、彼がキャベンディッシュ研究所に留学したとき、カピッツアさんに出会って磁場中の自由電子に関する振る舞いについて議論し、ランダウ反磁性の理論を構築して、カピッツアさんを驚かせたということである。一九三七年、カピッツアさんが所長のモスクワにある物理学問題研究所の理論部長に採用され、カピッツアさんが発見した液体ヘリウム4の超流動現象の理論的解明に着手した。このとき、スターリンを批判するビラを作成した容疑で逮捕され、約一年間投獄されたが、カピッツアさんの職を賭しての抗議で釈放された。ランダウ博士は、一九六二年、凝縮した物質、特に液体ヘリウムの理論で、ノーベル物理学賞を授与されたが、その年の一月、博士が乗っていた車がアイスバーンで事故を起こし、瀕死の重傷を負ったため、授賞式に出ることはできなかった。奇跡的に一命は取りとめたものの、物理学界に復帰することは叶わず、一九六八年に亡くなった。彼は、理論ミニマムと称するカリキュラムを作成して、優秀な門下生を多数養成したことでも有名である。

図 7.18　キャベンディッシュ研究所の玄関の前に建つ「医学の物理学」の建物.

研究所です。

一九七四年、私がキャベンディッシュ研究所に客員所員として招かれたとき、研究所は組織替えをして、街の中心から郊外の西ケンブリッジ・サイエンス・パークに引っ越したばかりでした。その組織が四〇年未満で大幅に改組されたのには驚きました。私の友人のペッパー研究教授が組織した半導体物理グループ（第5章参照）もリッチ教授が引き継いでいましたが、彼の院生、ポスドクは研究所のクリーン・ルームで作成した量子ドットなどのナノ材料を用いて、郊外の東芝ケンブリッジ研究所（ケンブリッジ東のサイエンス・パーク）で、同研究所の研究者たちの指導の下に量子コンピュータの研究を行っていました。ここでも、日本とは異なる産学連携の連携大学院方式で研究が活発に進められていたのです。

東芝ケンブリッジ研究所もそのとき（二〇一一年九月）に訪ね[21]、日本側代表に就任していた内古閑修一さん（私の都立第四中学校時代の友人の内古閑徹さんのご子息）の案内でその研究活動を見学することができました。

(21) 一九九〇年代には、ペッパーさんが初代所長となり、黒部篤さんが研究所員だった。

第8章　東京理科大学での研究——高温超伝導

東京理科大教授として着任して以来、配列ナノ空間を利用した新物質群の研究に関して、大学院生たち、ならびに実験グループとの共同研究で新しい分野を開拓し、顕著な研究成果を挙げることができました。本章では、これらの研究成果について紹介します。

上村研大学院生の研究

一九九一年四月にスタートした東京理科大学理学部第一部応用物理学科・上村研究室（物性理論）は、私の専任嘱託教授の任期終了に伴い二〇〇一年三月に終わりになりました[1]。毎週の卒研ゼミでは、最初の数年間はフランス人の友人、ド・ジャンヌ（Pierre-Gilles de Genne）博士（一九九一年、液晶でノーベル物理学賞受賞）の超伝導の教科書を用い、東大上村研出身の松野俊一さん（現東海大学海洋学部准教授）に客員ＴＡ（teaching assistant）として指導してもらいました。

この卒研生の一人が、現在、理研の量子効果デバイス研究チーム（石橋極微デバイス工学研究室）

（1）この一〇年間に筆者とともに研究生活を過ごしたのは、卒研生（学部四年生）三七名、大学院生一二名（うち博士課程修了者四名、修士課程修了者八名）。

の専任研究員[2]、大野圭司さんです。私も理研の客員主管研究員（石橋グループ）を務めており、理研石橋グループのゼミでときどきディスカッションをする機会をもっています。

大学院生の研究テーマ

東大時代の一九八六年に発見された銅酸化物高温超伝導体に象徴されるように、二〇世紀終わり頃に登場した新物質の多くは、CuO_6八面体のようなナノ（10^{-9}）メートルサイズのクラスターが周期的に配列した、配列ナノ空間を利用した物質群でした。そこで、一〇年間の専任教授の時代に指導した学生たちには、これら新物質群の固体物性を探究する物性物理学の研究を目指したテーマを与えました。これらのテーマは、（一）ボロン半導体にアルカリ金属をインタカレートしたら、超伝導物質が誕生するかを計算物理の手法で予言する、（二）相転移を示す水素結合系におけるプロトン伝導の理論の構築とデバイスへの応用、（三）銅酸化物高温超伝導、の三つでした。次項では、この三つのテーマの研究を紹介します[3]。

研究について話をする前に、東京大学とわが国の他の多くの大学との学部教育の違いについて述べます。戦後の新しい大学制度（新制大学）において、東京大学は通常の大学と異なり、学部ごとに募集をしません。入学時には文科一類〜三類、理科一類〜三類のように分けられ、入学後、前期課程の二年間は駒場の教養学部に所属します。そこでの一年半は、外国語と一般教育科目のリベラル・アーツ・サイエンスの基礎的な知識と方法を学びます。その間に自分の専門分野を決め、二年次の後半から卒業までの二年半でそれらを学ぶという制度です。

この後期課程で進学する学部・学科の選び方は、二年次に通称「進学振り分け」と呼ばれる制度で行われます。「進学振り分け」は、学部・学科ごとに定員があり、その枠内で二年次前期までに履修した科目の成績の平均点が上位の人から順に内定します。そのため人気の高い学部・学科では、希望する学科に簡単には進学できないのです。理学部物理学科も人気が高く、私が教養学部に在学した当時は定員三〇名の狭き門でした。東大紛争後の一九六九年度から物理学科の講座数が一四から二二に増え、物理学科の建物も理学部一号館に加えて四号館が増築され、学生数も七二名に倍増しましたが、依然として狭き門でした。

他方、東京理科大学は、我が国の多くの大学と同じように学部・学科ごとの募集をし、学生に対する教育指導方針は四年一貫で立てられます。学生は期末試験に失敗しない限り、三年次までに専門科目の講義をだいたい学ぶことができるようにカリキュラムが作られていました。四年生に進学すると、卒業研究が主になるので、能力のある学生に対しては、大学院修士課程の初めの段階の指導もできるのではないかと私は考えました。

(2) 大野さんは、一九九三年に理科大を卒業して、東大大学院理学系研究科物理学専攻に入学し一九九八年博士課程修了、同物理学専攻助教、東大工学系研究科物理工学専攻講師を経て、理化学研究所の専任研究員になった。

(3) この三つのテーマ以外に、東大物性研究所・三浦登教授の実験グループが研究を行っていた、二種類の間接遷移型半導体超格子(GaP)(AlP)の電子状態と強磁場下異常発光現象の解明をテーマに、小林由則、神津和磨、西村優さんの三人の院生が研究を行った。

（一）ボロン固体の電子状態と超伝導出現の可能性

一九九一年四月に理科大でスタートした上村研究室での最初の卒研生の一人、郡司茂樹さんが、ボロン系半導体にアルカリ金属のリチウムをドープして、どのような新物質ができるかを予言する、私と東大上村研出身の中山隆史さん（当時千葉大学理学部物理学科助教授、現千葉大大学院理学研究科教授〔基盤理学専攻〕）の研究に大変興味を持ち、どのような方法で電子状態を導くことができるかと熱心に尋ねてきました。

従来、新物質の開発といえば結晶成長法などの実験手段を用いて作成してきましたが、中山さんと私はスーパーコンピュータを用いて、絶縁体あるいは半導体にアルカリ金属をドープして、新しいタイプの超伝導物質をコンピュータで設計して安定構造とその構造下での電子状態および電子物性を予言するという、新しい計算物理の手法を構築中でした。学部四年の郡司さんは、既に卒業に必要な単位は卒業研究以外はすべて取得していたので、われわれチームの一員として実際に計算をしながら方法論を学べるようにしました。優秀な学生であった郡司さんには、先に述べたような新しい教育方法を試みたのです。郡司さんの卒業研究は、ボロン固体の電子状態を計算することから始まりました。この詳細はコラム①をみてください。

コラム図１(c)から明らかなように、菱面体ボロンでは、ボロン・クラスター間に種々の対称性の隙間が存在します。われわれは、グラファイト層間化合物の場合のように、これらの隙間に注目しました。そして、これらの隙間の空間より小さいイオン半径をもつアルカリ金属リチウムをドープしたら、新しい金属物質が得られるのではないかと考え、大型計算機を用いて、そのような金属物質が安定に存在しうるかどうかを調べてみることにしたのです。

郡司さんは物理学専攻修士課程に進学し、この課題を修士論文のテーマとして、隙間の空間の中でリチウムが菱面体ボロンの単位胞の中心に位置したときに、安定なドナー型の新金属物質が誕生する可能性を理論的に予言したのです。一九九二年八月に北京で開催される第二一回半導体物理学国際会議（ＩＣＰＳ21）に応募したところ、招待講演に選ばれました。講演アブストラクトは郡司さんが第一著者でしたが、組織委員会からの要請により招待講演は私が行い、大変な反響がありました。

郡司さんは、修士一年に入学したばかりでしたが、自分の計算結果への反響の大きさに研究意欲を刺激され、博士課程への進学を希望するようになりました。彼が第一著者の論文がＩＣＰＳ21のプロシーディングズに招待論文として出版されることが決まり、日本学術振興会が昭和六〇（一九八五）年度に創設した「特別研究員制度ＤＣ１」[4]に応募することになりました。ＤＣ１は大学院博士課程一年在学者で、採用期間は三年です。これに採用されれば、生活のことを考えることなく、三年間は研究に集中できることになります。幸い採用されましたが、修士課程一年の彼が翌年に博士課程に進むには、理科大の大学院修士課程に「飛び級」制度を導入することが必要になりました。

理学研究科委員会に設置を願い出ると、本人が招待講演をする必要があるということでした。そこ

（4）この制度は、我が国の優れた若手研究者に対して、自由な発想のもとに主体的に研究課題等を選びながら研究に専念する機会を与え、研究者の養成・確保に資することを目的として、大学院博士課程在学者および大学院博士課程修了者等で、優れた研究能力を有し、大学その他の研究機関で研究に専念することを希望する者を「特別研究員」として採用する、当時としては大変画期的な制度だった。

で、一九九二年一一月にボストンで開催される「米国物質科学会議（ＭＲＳ）」に郡司さんを第一著者とした講演アブストラクトを送ると、「招待講演者」に選ばれ、「金属ドープ・ボロン固体の第一原理研究」とのテーマで講演を行いました。そのときの座長が、当時の飯山理学研究科長宛に「郡司さんの招待講演は素晴らしかった」とのメモを送って下さったお蔭もあり、飛び級が承認され、翌年四月、博士課程に入学できました。

彼は、博士論文の研究でもボロンの研究を続け、リチウムをインタカレートした菱面体ボロンが超伝導になる可能性を予言しました。郡司さんの博士論文の成果は、私と共著で *Physical Review B* に掲載され[5]、この分野の多くの研究者が関心をもつようになりました。また彼の博士論文の計算結果に興味をもった東京大学大学院新領域創成科学研究科の木村薫教授の実験グループが試料を作成し、それが実際に超伝導になっているかを、寺内正巳教授（東北大学多元物質科学研究所）が透過型電子顕微鏡で判定する実験を行いました（最近になって実験で確認したとの嬉しいニュースを、木村先生から聞きました）。

郡司さんは、博士課程修了後、筑波大学助手に採用され、第二二回半導体物理学国際会議（ＩＣＰＳ22、一九九四年八月、バンクーバー）で、博士論文の研究成果について講演を行いました。この論文で、かつて私がＩＵＰＡＰ半導体コミッション委員長のときに導入した「Young Author Best Paper Awards」（第６章図６・12参照）を受賞し（受賞者八人のうちの一人）、一九九七年度には井上研究奨励賞を受賞しました。

（二）配列ナノ空間を利用したプロトン誘起超イオン伝導の研究

二一世紀初め頃からは、地球温暖化の原因と考えられているCO_2やNO_xを低減するための対応策が提案され、エネルギー枯渇問題や環境問題の解決策の一つとして、クリーンな燃料電池が注目されるようになりました。

東京理科大学の池畑誠一郎教授と摂南大学の松尾康光教授（当時は、池畑研の助教）の実験グループは、イオン（プロトン）伝導度の高い伝導性物質として、プロトン輸送が実現される物質の一つである水素結合型プロトン伝導体、特に水素結合がネットワークを形成しないプロトン伝導体（ゼロ次元プロトン伝導体と呼ぶ）について、超プロトン伝導特性を示す興味ある実験結果を発表しました。[6]

一九九四年に上村研修士課程に入学した伊藤拓雄さん（現殿玉山東漸寺住職）はこの特性に興味をもち、これらの物質におけるプロトン伝導のメカニズムを明らかにする理論研究を行いました。また翌年、上村研修士課程に入学した渡部知さん（現秋田県立高校教員）は、プロトン伝導が相転移温度で発散するメカニズムを明らかにしました。水素結合型プロトン伝導体とその理論の詳細に興味のある読者は、注（6）をご参照ください。

（5）五四巻、一三六六五―一三六七三ページ（一九九六年）。

（6）松尾康光、羽取純子、吉田幸彦、池畑誠一郎、上村洸「相転移を示す水素結合系におけるプロトン伝導の現象（一）実験の立場から」、『固体物理』四二巻、二一三―二二二ページ（二〇〇七年）。上村洸、伊藤拓雄、松尾康光、池畑誠一郎、羽取純子、吉田幸彦「相転移を示す水素結合系におけるプロトン伝導の現象（二）理論の立場から」、『固体物理』四二巻、四七七―四八五ページ（二〇〇七年）。

プロトン伝導のメカニズムを明らかにすることは、燃料電池の開発にとっても重要ですが、生体におけるプロトンが移動するメカニズムを明らかにする観点からも強い関心をもたれていました。水素結合型プロトン伝導体におけるプロトン伝導の上村・伊藤の理論では、プロトンの質量は電子の質量の一八四〇倍もあるにもかかわらず、量子論のトンネル効果でプロトンの移動度が古典物理の値より二桁も大きくなることを示しました。

もし生体内のプロトンを量子論的に取り扱って、生体内の情報伝達が二桁も速くなりうるのであれば、その理論について議論したいとのことで、私は二〇〇三年にトリエステで開催された「ホッピング及び関連する現象の国際会議（10th Conference on Hopping and Related Phenomena）」（二〇〇三年九月一—四日、トリエステ）に招待されました。会議には物性物理の分野だけでなく、生体物質の分野の研究者も参加しており、私が行った招待講演「水素結合型伝導体における超プロトン伝導のメカニズム」には、生物物理の研究者から「生体内でのプロトンは古典物理で扱うべき」との厳しいコメントがあり、侃々諤々の議論となりました。

当時、生体物質を含めて、大勢の研究者がプロトン伝導について研究をしていた、ロシア・サンクトペテルブルク市のヨッフェ物理工学研究所（Physico-Technical Institute）の所長、アンドレイ・ザブロドスキー（Andrei Zabrodskii）教授も私の講演に関心をもち、ロシア・アカデミーを通してヨッフェ研究所に招待してくださいました（二〇〇五年六月二二—三〇日）。研究所では、プロトン伝導、半導体不純物バンドのアンダーソン局在状態、銅酸化物高温超伝導の三つのテーマについて、所員と大学院生向けに講演と講義をしました。

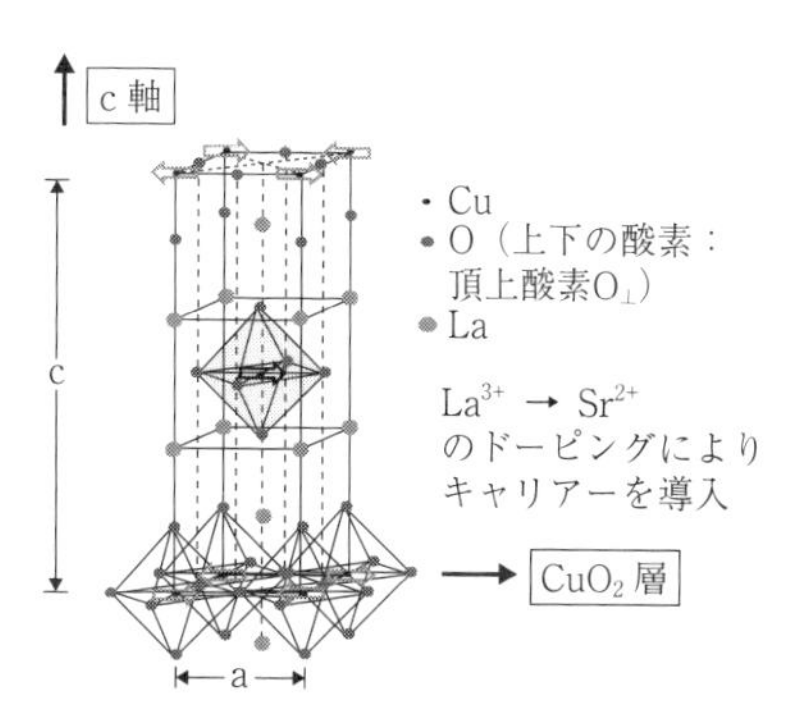

図 8.2　ランタン系銅酸化物の結晶構造．中央が CuO_8 八面体．

図 8.1　ベドノルツとミューラー両博士．右がベドノルツ博士．左がミューラー博士．

講義のない日は、家内とエルミタージュ美術館などを見て回りましたが、所長の招待で観賞した、有名なマリインスキー劇場でのオペラ公演は圧巻でした。

(三) 銅酸化物における高温超伝導の出現

(a) 超伝導発見と超伝導物質探索の歴史

一九一一（明治四四）年に、オランダ、ライデン大学のカメリン・オネス（Kamerlingh Onnes）教授が、絶対温度四・二ケルビン（K）で、水銀が超伝導に転移する現象を発見しました。それ以来、超伝導転移温度（T_C）の高い物質を探索する研究が行われてきましたが、一九八六年までの七五年間に見出された転移温度 T_C の最高値は、ニオブゲルマニウム Nb_3Ge 金属間化合物の二三・四Kでした。このときまでの超伝導物質はすべて、金属、合金、金属間化合物でした。

(b) 高温超伝導発見と超伝導フィーバー

一九八六年四月に、ＩＢＭチューリッヒ研究所のベドノルツ（J. G. Bednorz）とミューラー（K. A. Müller）両博士（図８・１）が、ランタン系銅酸化物（図８・２）絶縁体で、三価のランタン（La^{3+}）イオンを二価のストロンティムイオン（Sr^{2+}）に置換すると、絶対温度三五K付近から抵抗が減少して超伝導になる現象を発見しました。超伝導に寄与する元素をまったく含まない酸化物（セラミックス）の絶縁体が超伝導になった、しかも金属超伝導体での転移温度T_Cのこれまでの最高値をはるかに超えたため、物性物理や物質科学の世界に高温超伝導研究の大フィーバーが起こりました。

世界的に大フィーバーが起こった理由の一つには、誰もが試料を作ることができたということがあります。転移温度の高い銅酸化物を作るための原料粉末を乳鉢に入れ、乳棒を用いて丁寧に混ぜ合わせ、これら混合した原料を電気炉内に入れて加熱し均一に混ぜ合わせます（仮焼）。こうして整形された試料を再び電気炉内で加熱し、セラミックスを作成するときと同じ手段（焼結）で銅酸化物の試料を作れるのです。このように、大学の超伝導研究室で卒研生（学部学生）や院生がその試料を簡単に作れたため、一攫千金を夢見ての銅酸化物高温超伝導の研究が、瞬く間に世界中に広がったのです。マスコミは、この現象を「高温超伝導大フィーバー」と評しました。一九八七年の物理学会では、高温超伝導のセッションの部屋は廊下にまで人が溢れていたのに、他のテーマの講演会場では講演者たちと座長だけで閑古鳥が鳴いている部屋もたくさんある、という異常な光景がみられました。

この熱気なら、高い転移温度の超伝導物質がどんどん誕生するのではないかと思っていると、翌一九八七年二月には米国ヒューストン大学のチュー（Paul Chu）教授が、イットリウム系銅酸化物で転移温度が九三Kを超えたと発表しました。液体窒素の沸点の温度が七七Kですから、作った結晶を液体窒素の魔法瓶に浸すと、高温超伝導物質が誕生するのを目の前で見ることができたのです。

ちょうどその頃、東大理学部名誉教授の会で、私が「高温超伝導」の話をすることになりました。この会は年一度開催され、現役の先生からホットなトピックスについて話を聞くのが恒例になっています。そこで磁性研究室の助手に試料を作ってもらい、理学部四号館から赤門傍の学士会館別館（現在、伊藤国際学術研究センターあたり）まで液体窒素の魔法瓶をもっていき、講演をしました。試料を液体窒素の魔法瓶に浸して引き揚げ、棒磁石を試料に近づけたとき、マイスナー効果(7)で棒磁石が反発して浮き磁石になる様を見せると、会場にどよめきが起こりました。小谷正雄先生をはじめ名誉教授の先生方がマイスナー効果をご自身で確かめようと魔法瓶のある演壇に殺到したため、私の講演は半ばで終わることとなり、先生方の旺盛な好奇心に圧倒されました。

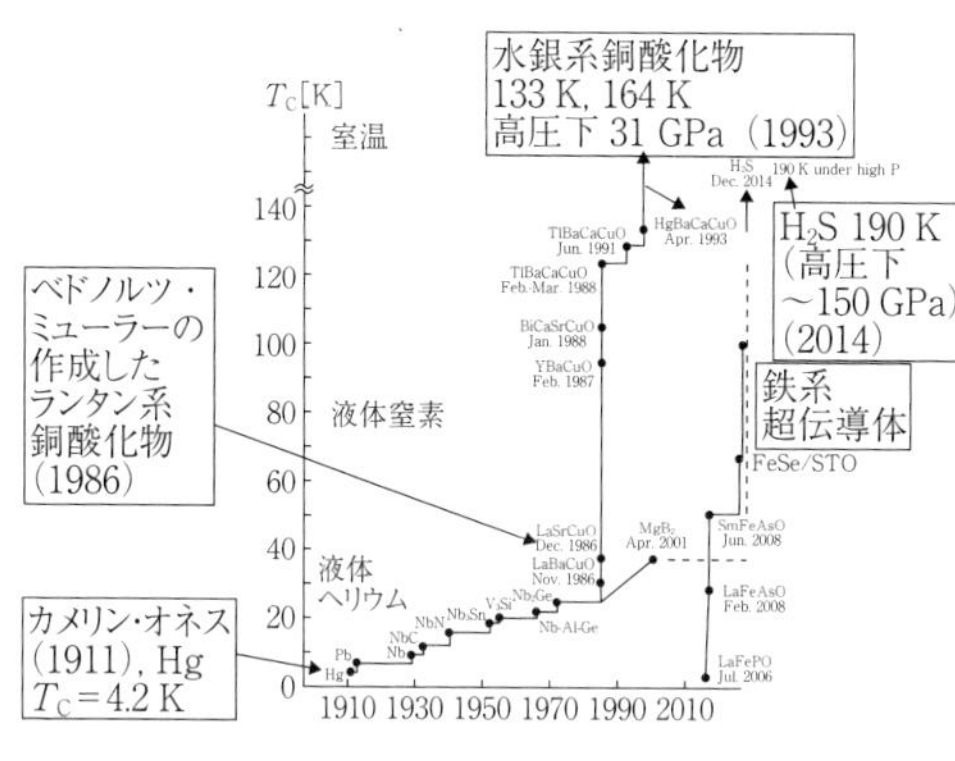

図 8.3　転移温度 T_C の年代による変遷.

　それから六年の間に、転移温度T_Cは、水銀系銅酸化物で一三四Kまで上昇し（一九九三年）、室温超伝導物質の発見も間近と思われるほどに、研究ブームは続きました。しかし残念ながら高温超伝導が発見されて三〇年以上経っても、常圧での転移

（7）転移温度以上で一様な磁界の中に超伝導体を置き、超伝導体を転移温度以下に冷却すると、伝導体から磁界が排除される完全反磁性の現象。

温度の記録は一三四Ｋのままで、室温超伝導実現の夢はまだ半ばです。図８・３に、転移温度T_Cの年代による変遷を示します。

（ｃ）銅酸化物における電子相関の効果と反強磁性絶縁体

銅酸化物La_2CuO_4は、反強磁性絶縁体です。反強磁性が消失する温度（ネール温度）は２４０Ｋです。この系で、三価のランタンイオン（La^{3+}）を二価のストロンティム・イオン（Sr^{2+}）に置換すると、ホールキャリア（以下ホールと呼ぶ）が導入されて、３次元的反強磁性が壊れ、ホール濃度xを増加させて、xが０・０５のときに、系は絶縁体から金属状態に変わり、40Ｋ以下の低温では超伝導になります。

この物質では、銅（Cu）は、プラス二価イオンなので、イオン殻の外側にｄ電子が九個存在する$(3d)^9$電子配置をもちます。ｄ殻は一〇個で閉殻になるので、ｄホールが一個存在すると考えてもよいことになります。この考え方を「ホールの描像」と呼びます。電子の数が少ない方が説明しやすいので、ここでは「ホールの描像」で説明しましょう。ホールが独立に動き回る近似（一体近似）でエネルギー・バンド（バンドという）を計算すると（第３章図３・４参照）、バンドのそれぞれの状態は、Cu一個当たり上向きと下向きスピンの二個のホールを収容できますので、銅酸化物ではバンドの半分までホールが占有することになり、第３章図３・５(a)で見たようにこの物質は金属となり、反強磁性絶縁体の実験事実を説明できません。

そこで、フィリップ・アンダーソン（Philip Anderson）博士は、この物質ではｄホールの銅サイトにさらに一個ｄホールが来ると、ホール間のクーロン反発でエネルギーが高くなり（第５章図５・２

(a)

(b)

図 8.4　欧州物質科学春季総会の５人のプレナリ講演者（a）と会議場（b）.

(b)参照)、二個のホールは同じ銅サイトに来にくくなって各銅サイトに局在する、その結果、絶縁体になると考えました（一九八七年）。この効果を電子相関といいます。確かに電子相関効果を考えると、各銅サイトにはスピン１／２のホールが局在し、酸素を介した超交換相互作用で、反強磁性秩序が形成されることになります。

他方ベドノルツ、ミューラー両博士は銅酸化物中の銅イオンの電子状態がヤーン・テラー効果を誘起することに注目しました（ヤーン・テラー効果については、コラム②を参照）。この二つの点に私は注目し、ヤーン・テラー効果と電子相関の絡み合いをキーポイントにして高温超伝導のモデルを構築し、国際会議（トリエステの国際理論物理国際センター、一九八七年七月五—八日）に講演の申し込みをすると、すぐに招待講演の依頼が来ました。この会議には、三五か国から三〇〇人に近い研究者が参加し、およそ五〇人の研究者が招待講演者で、高温超伝導のメカニズムについて、私も含め各自がアイディアを紹介しました。ヤーン・テラー効果の関与したメカニズムを提案した研究者は私を含めて数人で、ミューラー先生からは詳細な質問があり、これ以後、親しくお付き合いをすることになりました。

図 8.5　東芝国際超伝導スクールで講義する筆者.

この当時開催された国際会議では、欧州物質科学春季総会（ストラスブルグ、一九九一年五月）も印象深いです。選ばれた五人のプレナリ講演者（図8・4(a)の上段）のうち、私（上段の真ん中）を含む三人の題目が高温超伝導でした。講演会場はなんと欧州議会の議場（図8・4(b)）で、われわれ五人が座っている席は議会の議長席です（図8・4(a)）。講演をするときは手前に降りてきて、円形に広がった議員席に座っている参加者およそ五〇〇人に、ＯＨＰを使って講演をします。質問に答えるときは、谷を越えた向こう側にいる人に話しかけている感じで前代未聞の経験でした。これも超伝導フィーバーの一つだったのかもしれません。

この年の七月に京都ホリディ・インで開催された「東芝国際超伝導スクール」は、一九八七年にノーベル物理学賞を受賞したベドノルツ、ミューラー両博士が校長となってプログラムを作成し、私も講師として講義をしました（図8・5）。ちょうど祇園祭りの最中で、祭りのイベントである前祭山鉾巡行が行われる日の午後はスクールは休みとなり、講師たちは京都中心部の特設の席に案内されて、長刀鉾を先頭に二〇基を超える山鉾が巡行する様を見物しました。

アンダーソン先生との再会

スクール終了直後に開催された第三回超伝導国際会議（M^{2}S-HTSC、七月二二―二六日、金沢市）

で、八年ぶりにアンダーソン先生にお会いしました（図8・6）。一九八二年三月「スピン三重項がアンダーソン局在で重要か否か」の議論を半日ベル研の先生のオフィスで行って（第5章）以来の再会でした。

図8.6　アンダーソン先生と再会した第3回超伝導国際会議.

一九九一年度日本物理学会総合講演

一九九一年度には、日本物理学会の年会（北海道大学）の総合講演（九月二九日、札幌市教育文化会館）の講演者に選ばれました(8)。この年の総合講演では、宇宙物理の佐藤勝彦さん（当時東京大学理学部教授、現在は東大名誉教授）が「宇宙論――現状と展望」について話をし、次に物性物理の私が「物質科学の発展」と題して話をしました（図8・7）。

私は、「①物質科学の発展で新物質が人工的に作られるようになり、半導体超格子の作成技術の発展から超微細加工で、ナノスケールのサイズに近い半導体デバイスが作られるようになって、一九八

(8) 日本物理学会は、年に二回、学会を開催。一回は、全分野の研究者が一か所に集まって研究発表を行う年会、他の一回は、素粒子・原子核・宇宙物理などの領域と物性物理、光物性、流体物理、生物物理などの領域が、別々の場所で研究発表を行う分科会。年会での理事会の重要な行事の一つは、全分野の会員が興味をもつトピックスを二つ程度選び、それに適した講演者を選ぶこと。

図 8.7　日本物理学会の年会での講演.

〇年代に半導体黄金時代が到来したこと。②一九九〇年代に入ってグラファイト層間化合物からフラーレンなどの新炭素物質、また、マイクロクラスターなどのナノスケールの超微粒子が作られるようになって、メゾスコピックの時代からナノスケールの時代に移りつつあること。③これら新物質から整数および分数量子ホール効果などの新しい物理学が誕生したこと。④ナノスケールの量子の世界に入ることで、情報や通信の物理も格段に発展して、われわれの住む世界は大変住みよくなること」の話をしました。最後に最近発見された新物質として銅酸化物高温超伝導物質を紹介して、室温超伝導物質が見つかれば、エネルギー消費ゼロの夢の世界が到来するかもしれないとコメントして講演を終えました。

K-S モデル

東京理科大に着任した当時は雑用がまったくなく、応用物理学科中村淑子先生の研究室で助手だった諏訪雄二さん（現日立製作所研究開発グループ主任研究員）とは、東大塚田研の院生時代から旧知の間柄、しかも修士論文では超伝導の研究をされていましたので、毎日昼食に誘って、「銅酸化物の電子状態をどのように考えたらよいか」について議論をしました。そのとき注目したのが、コラム⑤の

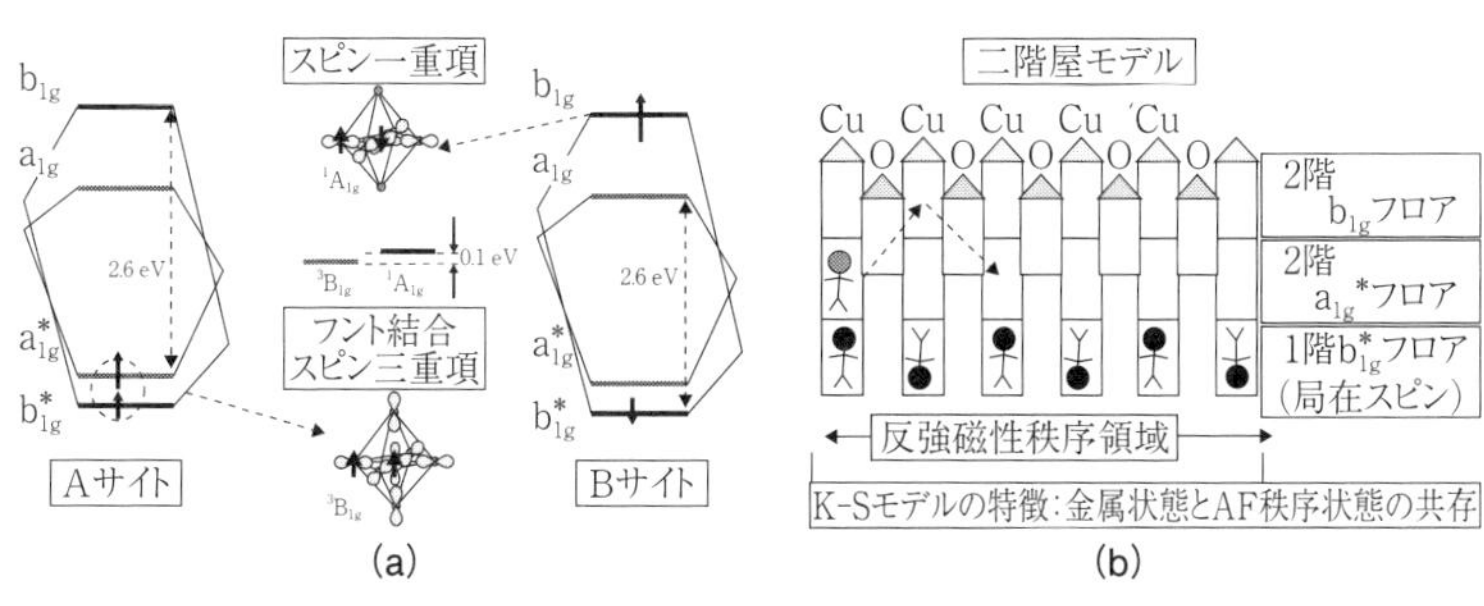

図 8.8　フント結合スピン三重項とスピン一重項（a）と二階屋モデル（b）（点線はホールの跳ぶ様子を示す）.

江藤幹雄さん（現慶應義塾大学理工学部教授）による一個の CuO_6 八面体におけるフント結合スピン三重項 $^3B_{1g}$ とスピン一重項 $^1A_{1g}$ の基底状態のエネルギー差に関する計算結果でした（図8・8(a)参照）。LSCO のように CuO_6 八面体が CuO_2 層に沿って周期的に並んでいるとき、隣接サイトの状態間に跳び移り相互作用を導入したらどのようなハミルトニアンが構築されるかという問題へ計算を更に進めるためです。

具体的には、二つの多重項 $^3B_{1g}$ と $^1A_{1g}$ のエネルギー差がたかだか0・1eV程度である場合、局在スピン間の磁性秩序を保持して、図8・8(a)の矢印のホール（点線で示した上向き矢印のホール）が跳び移り、相互作用でAサイトの a^*_{1g} 反結合軌道からBサイトの b_{1g} 結合軌道に跳び移って、反強磁性秩序と金属状態が共存可能なハミルトニアンを構築することで、低温状態では反強磁性秩序と共存する超伝導状態が出現する可能性についてです。そこで、このハミルトニアンの中の跳び移り相互作用に対して、0・28eVの跳び移り積分の値を用いて第一原理計算を行ったところ、CuO_6 八面体が CuO_2 層に沿って周期的に並んでいるのであれば、反強磁性秩序と共存する金属状態が出現する結果が得られたのです。(9)

二〇〇二年に、*JPSJ* に発表した上村・諏訪のモデルに基づいて Cu–La–Sr–O 系の電子エントロピーのホール濃度依存性を計算した結果は、当時博士課程三年の濱田剛さん、[10] 潮秀樹さんとの共著論文としてアメリカ物理学会 *Physical ReviewB* 誌に投稿、掲載されました。そのときのレフェリー（閲読者）から、上村・諏訪のモデルは、「t–J モデル」が CuO_2 層内だけを考えているのに対して、CuO_6 八面体の３次元的広がりを考えており、「t–J モデル」と並んで素晴らしいアイディアの論文であり、今後の高温超伝導のメカニズムを明らかにしていくうえで、両者のモデルが融合していくように思われる。この際モデルに名前を付けた方がよいと言われ、Kamimura-Suwa の頭文字を取って、「K–S モデル」と命名されました。さらに *PRB* 誌の読者は *JPSJ* を読むチャンスがないので、一節を設けてモデルの紹介を書くようにとのアドバイスがあり、エディターにも認められて、*PRB* 六六巻〇五四五〇四ページ（二〇〇二年）に「K–S モデルと K–S ハミルトニアン」の紹介が実現したのでした。アメリカ物理学会には、先見的でフェアプレイの素晴らしい研究者がおられたのです。また読者が理解しやすいように、私は「K–S モデル」を二階屋の漫画で表現して「二階屋モデル」と命名しました（図８・８ⓑ）。

一九九七年に理科大修士課程に入学した飛田義賢さん（現東芝デジタルソリューションズ株式会社）は、江藤さんの計算方法を Bi2212 の構成要素である CuO_5 ピラミッドに応用して、この超伝導体でも K–S モデルが成り立つことを示しました（*JPSJ* 68, 2715 (1999)）。

反強磁性秩序と共存する二階屋を動くホールのエネルギーバンド

潮秀樹さん（当時国立東京工業高等専門学校教授、後に同高専名誉教授）は、K–S モデルに基づいて、反強磁性秩序と共存する金属状態を動くホールのエネルギーバンドを第一原理計算法で計算しました（*JPSJ* 64, 2585（1995））。

K-Sモデルを中心とした高温超伝導理論の教科書執筆

「*PRB*で紹介したK-Sモデルを一般読者（general audience）にわかりやすく説明するために、一般読者向けの教科書を書きませんか」との執筆依頼が、二〇〇三年にドイツのシュプリンガー社からありました。米国物理学会誌の*PRB*に論文が掲載され、しかもK-Sモデルの紹介の節があったことで、高温超伝導の重要な論文と認識したようでした。潮秀樹さん、松野俊一さん、濱田剛さんから共著者になることを承諾頂き、二〇〇五年に*Theory of Copper Oxide Superconductors*の題で出版されました。

厳密対角化法によるK-Sハミルトニアン基底状態の解

反強磁性秩序の成り立つ領域の広さをスピン相関距離といいますが、このスピン相関距離のホール濃度依存性を、濱田剛さんと石田邦夫さん（現在国立大学法人宇都宮大学大学院工学研究科教授）が主になって計算しました。その方法は、4×4サイト2次元正方格子について、K-Sハミルトニア

（9）このメカニズムを諏訪さんと共著で、日本物理学会の欧文誌*Journal of Physical Society of Japan*（*JPSJ*）にレター論文として投稿し、一九九三年一〇月に掲載されました（*JPSJ* 62, 3368-3371（1993））。

（10）理科大博士課程三年の濱田剛さん（現みずほ情報総研（株）金融技術開発部チーフコンサルタント）。

図8.9　モット先生と筆者（1993年3月4日）.

ンを計算物理の厳密対角法で解いたのです。計算結果は、*JPSJ* 70, 2033（2001）に発表しました。この計算結果によると、ホールをドープして金属・非金属転移直後の金属状態では、金属状態と共存する反強磁性領域が広がることがわかりました。これはホールが局在して運動エネルギーが増加しないためで、今日「運動エネルギーを低める仕組み」と呼ばれています。

モット先生との再会

一九八六年に銅酸化物高温超伝導が発見されると、モット先生と再びアイディアを交換する文通が始まりました。その当時、モット先生は一成分スピンポーラロン・モデル、私は松野俊一さん、齋藤理一郎さんと一緒に二成分スピンポーラロン・モデルを考えていました。私が、新しいメカニズムとして思いついた「二フロアの二階屋モデル」を、図8・8(b)の絵入りで紹介をした手紙を出したところ、ケンブリッジ大学に設置された「国立・高温超伝導研究センター」（図8・9）の先生の部屋で議論することになりました。

先生は「二階屋モデル」を大変気に入られ、後日（一九九五年三月三日）にセンターで、キャベンディッシュ研究所の研究者に対して講演をすることになりました。これは、K-Sモデルについての英国での初めての講演でした。講演に先立ち、モット先生が私との二〇年にわたる付き合いについて話をされ，胸にこみ上げる思いがありました。講演後，キャベンディッシュ研究所時代の友人たちに「Nevill が Hiroshi へのお別れの挨拶をしたのでは」と言われました。先生は八九歳でした。

これが先生にお目に掛かった最後となりました。先生は翌一九九六年八月八日，九〇歳で永眠されました。ケンブリッジでの，私の講演前の先生の一〇分間のスピーチを思い出すと，涙が止まらなくなりました。一九七四年以来の二〇年にわたる先生とのお付き合いで，先生は私にとって物理，人生すべての面で偉大な師，本当に巨人でした。ニュートンが言われた「巨人の肩」のように（第4章末参照），遠くがよく見えるようになったのは先生の肩に乗ったお蔭なのです。[11]

ローマでの高温超伝導国際会議でのプレナリ講演

一九九六年一二月には，ローマで最初の高温超導国際会議が開催されました。このとき，ミューラー先生に次いで私が二番目のプレナリ招待講演者で，K-S モデルについて講演をしました。K-S モデルの紹介をした最初の国際会議でした。講演後の最初の質問で，イリノイ大学のカンプザーノ（J. C. Campuzano）教授が，光電子分光の実験では，[12] K-S モデルの予言するフェルミ面のポケットの形状は見つかっていない，全部「三日月の形状のフェルミ・アーク」だと批判的なコメントをしました。

（11）先生への追悼の言葉を『日本物理学会誌』五二巻，四六ページ（一九九七年一月号）ならびに *Nevill Mott, Reminiscences and Applications*, edited by E.A. Davis Taylar & Francis, p. 291（1999）に寄稿した。

（12）アインシュタインの「光は粒子である」の説に基礎をおく，外部光電効果を利用した実験法で，物質の電子状態を観測する最も直接的な実験法。

図 8.10　高温超伝導発見 20 周年記念シンポジウム集合写真（チューリッヒ大学物理学科）前列筆者の左隣から左へ，ベドノルツ博士，ミューラー教授，組織委員長のフーゴー・ケラー教授．

図 8.11　バンケットで乾杯の発声をされるミューラー先生（第２回高温超伝導ワークショップ，産総研）．

それに対して、当時NECプリンストン研究所のエプリ（Gabriel Aeppli）博士からは「中性子散乱の実験は、K-Sモデルの予言する金属状態と反強磁性秩序の共存を支持している」、また東北大学の山田和芳さん（当時金属材料研究所助教授、現東北大学名誉教授）からも「中性子散乱実験はK-Sモデルを支持している」との好意的なコメントを頂き、勇気付けられました。

高温超伝導発見二〇周年記念シンポジウムと関連国際会議

二〇〇六年三月二七―二九日には、高温超伝導発見二〇周年記念シンポジウムが、チューリッヒ大学物理学科で盛大に開催されました。出席者は、招待者だけでした[13]（図８・10）。この前年には、産総研で第二回高温超伝導ワークショップ（2nd Workshop on Electron States and Lattice Effects in

Cuprares）が開催され、七八歳のミューラー先生を招待しました（図8・11）。

二〇一二年八月には、「第二一回ヤーン・テラー効果に関する国際シンポジウム」（筑波大学講堂、組織委員長小泉裕康筑波大学教授）が開催されました。ヨーロッパから参加した四〇名程度のシニアの研究者の中の一人が、「配子場理論」のセッションの招待講演中に、突然「われわれは、菅野・田辺・上村の教科書（『配位子場理論とその応用』の英語版）で配位子場理論を勉強した[14]。この聴衆の中に菅野はいるか」と尋ねました。返事がないと「田辺はいるか」、続いて「上村はいるか」と尋ねました。私が手を挙げて立ち上がり「菅野、田辺は、私の先輩で八五歳を超え、健康を害して出席できません。幸い、私も八〇歳を超えているが、健康でこの会議に参加でき、皆さんにお会いでき、大変嬉しく思っています」と答えましたら、会場から突然スタンディング・オベーションが起こりました。一〇〇人の人たちの拍手がコヒーレントに起こると、体に当たる音波の圧力が大変強くなるのです。これには涙が出るほどに感激をしました。教科書を出版して大勢の方々の役に立って、教師冥利に尽きました。

(13) 日本からの出席者は、新井正敏、安藤陽一、大柳宏之、高重正明、前野悦輝の五氏と筆者だけ、米国からは、江上毅氏が参加。

(14) 上村洸、菅野暁、田辺行人著『配位子場理論とその応用』裳華房（一九六九年）、英語版：Satoru Sugano, Yukito Tanabe, Hiroshi Kamimura, *Multiplets of Transition-Metal Ions in Crystals*, Academic press, New York・London, (1970)。

K–S モデルのその後

これまで述べてきたように、銅酸化物超伝導体と金属超伝導体の大きな違いは、後者がキャリア数一定の超伝導物質であるのに対して、前者は反強磁性絶縁体にホールキャリアをドープすることで超伝導転移を起こすイオン結晶の物質であることです。したがって銅酸化物超伝導体では、ホールキャリアをドープすると CuO_6 八面体や CuO_5 ピラミッドの頂上酸素と中心のCuイオンの距離が反ヤーン・テラー効果で短くなり、その結果、銅酸化物中でホールキャリアの受けるポテンシャル場やエネルギーバンドが、ドープするホール濃度とともに変化します（flexible crystal structure）。しかしながら銅酸化物高温超伝導のほとんどのモデルは、そのような変化を無視してきました。このタイプのモデルを、rigid-band モデルと呼びましょう。

ところで、図8・8(b)で見たように、ランタン系銅酸化物絶縁体にホールをドープした LSCO 中の CuO_6 八面体内では、ドープしたホールのスピンと反強磁性を構成する局在スピンとの間に、フント結合スピン三重項とスピン一重項を形成する二種類の交換相互作用が存在します（コラム⑤）。このうち濃度が増すとともに反ヤーン・テラー効果により、フント結合の交換積分が大きくなって、K–S モデルのハミルトニアン（K–S ハミルトニアン）も濃度に依存して変化し、したがって K–S ハミルトニアンに基づいて計算したLSCOのエネルギーバンドもホール濃度とともに変化します。このことを考慮して、杉野修さん（東大物性研究所准教授）がエネルギーバンドの計算をしました。この新理論を non-rigid-band 理論、この理論に基づく K–S モデルを「improved K-S model」と呼びます。現在、理科大チームの蔡兆申教授、坂田英明教授と私、ならびに杉野修さん、石田邦夫さん、松野修一さんの理論グループで「non-rigid-band 理論」に基づく「Improved K-S model」を発展させつつあります。

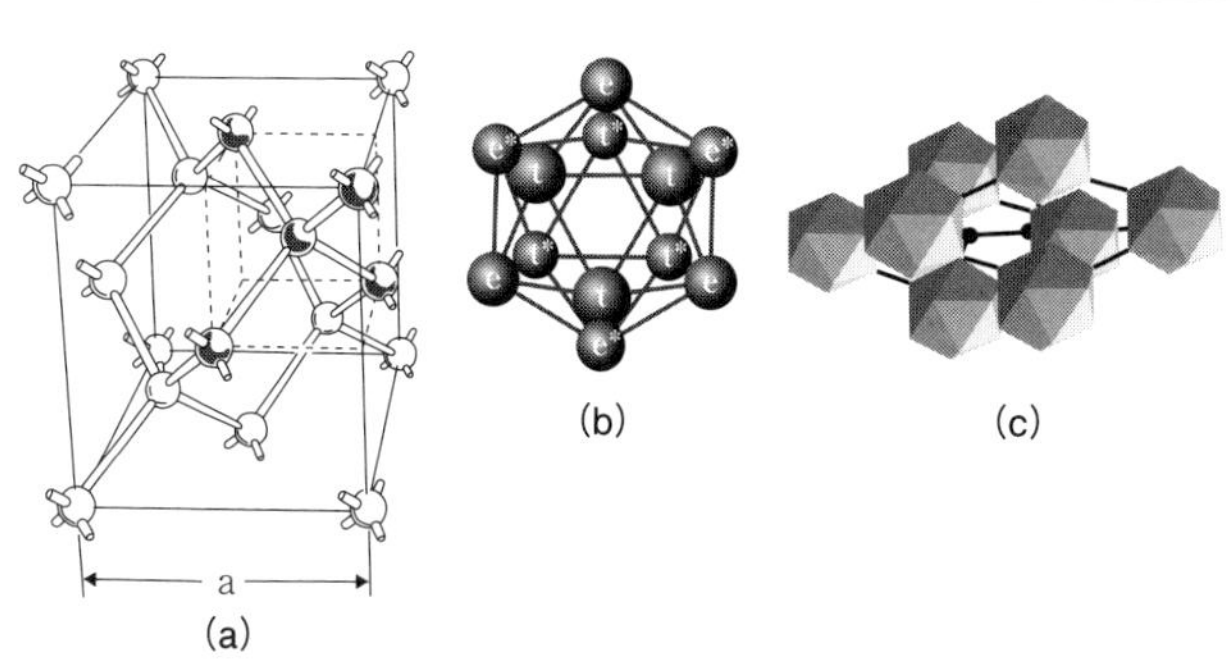

図1（a）ダイヤモンド格子．各炭素原子は，4個の隣の炭素原子と電子対結合で結ばれている．（b）正二〇面体ボロン・クラスター．（c）菱面体ボロンの結晶構造．

コラム① リチウムをインカレートしたボロン半導体の形状と電子状態

ボロン原子は、周期表でIII属の元素ですので、IV族の炭素、シリコン、ゲルマニウム原子より価電子が一個不足しています。IV族元素の炭素原子の場合には、四個の価電子が、(2s)軌道を二個、(2p)軌道を二個占めた$(2s)^2(2p)^2$の電子配置を示しますが、ダイヤモンド結晶では一つの炭素原子は、図1(a)に示すように正四面体の各頂点に配置された四つの炭素原子により囲まれています。このような四面体構造は隣り合った炭素原子が互いに相手の方向に伸びた原子軌道をもち、この軌道の各々に電子を一つずつスピンが反平行になるように収容することにより、炭素原子の間に結合ができるという電子対結合の考え方で説明されます。電子対結合は共有結合の性格をもち、そのためダイヤモンドは硬いのです。

この電子対結合の考え方に従えば、ダイヤモンドを構成している炭素原子は、正四面体の方向を向いた互いに等価な四つの原子軌道をもっていなければなりません。このような軌道は、炭素原子の（2s）軌道の二個の電子のうちの一個が三重に軌道縮退した（2p）軌道の空いた軌道に移って（2s）$(2p)^3$の電子配置に変わったと考えれば、一つのs軌道とx、y、z方向を向いた三つのp軌道の一次結合から（ベクトル合成の考え）、四面体の四つの頂点を向いた四つの等価な軌道が得られます。これらをsp^3混成軌道と呼びます。このようにして、四個のsp^3混成軌道のそれぞれに価電子を一個ずつ入れ、隣り合う炭素原子の同様な軌道の間にスピン一重項の電子対結合を作ると、ダイヤモンド結晶ができます。これが電子対結合の考え方によるダイヤモンド、シリコン、ゲルマニウムの結晶のでき方です。

　他方ボロンの結晶では、炭素原子に比べて価電子が一つ不足しているので、ダイヤモンド結晶のように四つの方向に共有結合をつくることができず、代わりに図1(b)のように、一個のボロン原子から三方向に共有結合が伸びたボロン一二個からなる正二〇面体ボロン・クラスターB_{12}が形成されます。そして、このボロン・クラスターを格子点とする、面心立方格子に極めて近い菱面体構造の結晶が、図1(c)のように形成されたのです。これが半導体ボロンです。したがって、通常の結晶は格子点に原子をもつが、固体相の菱面体ボロンでは、原子ではなく、五回対称をもつ正二〇面体の中空ボロン・クラスターB_{12}が格子点を形成することになったのでした。

コラム②銅酸化物におけるヤーン・テラー効果

図8・2の銅酸化物La_2CuO_4は、構成要素であるCuO_6八面体が格子点に周期的に配位した物質です。しかも、隣同士の八面体は、酸素イオンを共有して周期的に並んだ配置になっています。それでは、CuO_6八面体の中心にあるCu^{2+}イオンの電子状態が周囲の状況によってどのように変化するかを図2によ

り説明します。

まず図2左端に、自由空間の球対称場（原子核からの距離にだけ依存して角度に依存しないポテンシャル場）にあるCu^{2+}イオンのd電子の状態を示します。軌道状態が五重に縮退しています。このイオンを正八面体の中心に置くと、配位場理論により図2左から二番目のエネルギー準位で示されるように、

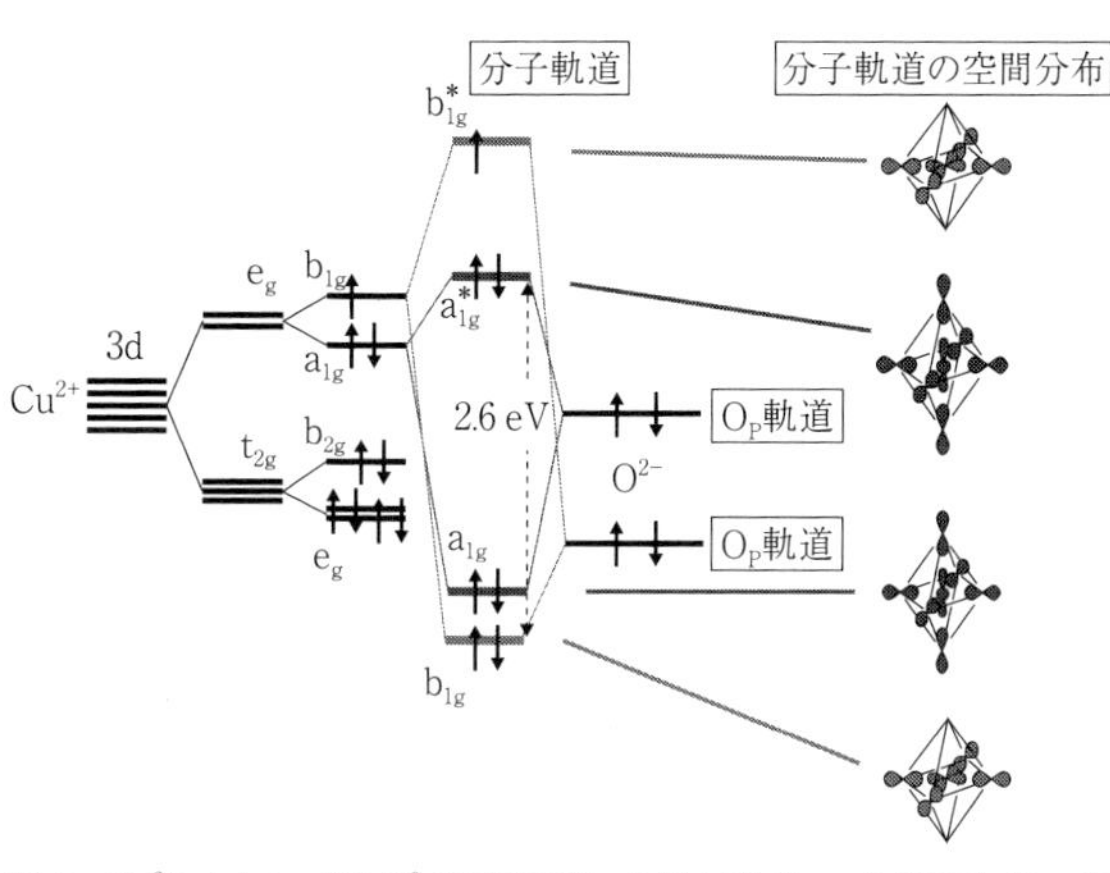

図2　Cu^{2+}イオン（$(3d)^9$電子配置）の球対称場，立方対称場，正方対称場におけるエネルギー状態，および，正方対称CuO_6八面体における分子軌道とその空間分布．

立方対称のポテンシャル場により(*1)、二重に縮退したe_g状態と三重に縮退したt_{2g}状態に分裂します（第2章図2・1参照）。ここで$(3d)^9$電子配置の九個のd電子をこれら二つの状態に配分すると、t_{2g}状態に六個、e_g状態に三個となります。

また、図8・2に戻って、銅酸化物La_2CuO_4中のCuO_6八面体に注目すると、正八面体の二個の頂上酸素がc軸に沿って外側に伸びた形状をしています。測定結果では、c軸に垂直な面内の四つの酸素（面内酸素と呼ぶ）(*2)とCuの距離が一・八九オングストローム（Å）に対し、頂上酸素とCuの距離は二・四一オングストロームと長くなっています。したがってCuO_6八面体の対称性は、La_2CuO_4では立方対称より低い正方対称を示しています。その結果、図2左から三番目のエネルギー状態が示すように、正八面体対称で二重に縮退していたe_g状態はb_{1g}状態とa_{1g}

状態に分裂します。そしてe_g状態を占めていた三個のd電子は、低いエネルギーのa_{1g}状態に二個、高いエネルギーのb_{1g}状態に一個入る電子配置に変わりました。このことは、銅酸化物La_2CuO_4中では、CuO_6八面体は立方対称より正方対称の形状を取った方が安定（エネルギーが低い）ということを意味しており、分子でよく知られている、「ヤーン・テラーの定理」と一致します。一九三七年、ヤーン（H. A. Jahn）とテラー（E. Teller）両博士は、直線分子を除くすべての分子について、その基底状態が軌道縮退をもつ場合には、その分子の幾何学配置は不安定であることを示しました。銅酸化物におけるCuO_6八面体が正八面体からc軸方向に縦長に変形した実験結果も、「ヤーン・テラーの定理」と一致したことになります。したがって、CuO_6八面体の変形をヤーン・テラー効果といいます。

本コラムでは、二価の銅イオンの電子配置をd電子が九個の$(3d)^9$で考えてきましたが、以降では議論を簡単にするため、本文中で述べた「ホールの描像」を採用します。すると二価の銅イオンの電子配置は、プラスの電荷をもった正孔（ホール）が一個ある状態と同等なので、アンドープの銅酸化物の基底状態は、ヤーン・テラー効果で正方対称に歪んだCuO_6八面体のb_{1g}状態をホールが一個占有した状態ということができます。立方対称の場合のe_g状態に属するd電子の占める軌道は、正八面体でc軸に垂直方向に広がるd_{x2-y2}軌道と、c軸に平行と垂直の両方向に広がるd_{z2}軌道の二種類ありますが、正方対称では前者がb_{1g}状態、後者がa_{1g}状態に属するので、二種類のd軌道もそれぞれb_{1g}軌道とa_{1g}軌道と呼びます。

（＊1）正八面体と立方体は、同じ対称性ですので、以後、正八面体対称の代わりに、立方対称といいます。
（＊2）1Å＝10^{-10} m＝0.1ナノメートル（nm）。

コラム③ CuO_6八面体の分子軌道（第2章図2・12参照）

アンドープ La_2CuO_4では、c軸方向に伸びたCuO_6八面体（図8・2）が面内の四つの酸素によって、c軸に垂直方向に一つの層（CuO_2層と呼ぶ）を形成します。CuO_2層内の四個の面内酸素のp軌道の一次結合からb_{1g}軌道と同じ対称性の軌道を作ると、この軌道とCuのd_{x2-y2}軌道は跳び移り相互作用で混じり合って、B_{1g}対称性の結合b_{1g}軌道および反結合b^*_{1g}分子軌道を構成します。同様に、A_{1g}対称性のd_{z2}軌道は、CuO_6八面体の六個の酸素のp軌道の一次結合から作られたA_{1g}対称性をもつa_{1g}軌道と混成して、A_{1g}対称性の結合a_{1g}分子軌道および反結合a^*_{1g}分子軌道を構成します。こうして図2真ん中の欄に示すように、CuO_6八面体に広がったA_{1g}およびB_{1g}対称性の結合および反結合の分子軌道が形成されました。

これらの分子軌道のうち、エネルギーの高い反結合分子軌道には、＊の印が付いていますが、反結合軌道は銅イオンのd軌道の性格が強く、またエネルギーの低い結合軌道は酸素のp軌道の性格が強い特徴をもちます。図2右欄には、各分子軌道が空間的に広がっている特徴が示されています。この図を眺めると、b_{1g}およびb^*_{1g}軌道は、CuO_2層内に広がっているのに対し、a^*_{1g}軌道は頂上酸素を含む3次元的広がりの特徴をもっています。

ここで、三個のホールを反結合b^*_{1g}軌道とa^*_{1g}軌道に配置すると、エネルギーの低いa^*_{1g}軌道にはスピンを反平行にして（スピン一重項という）二個のホールが配置され、エネルギーの高いb^*_{1g}軌道は一個のホールが占有し、スピン1／2の状態となります。このスピン1／2のホールは、銅イオン間にある閉殻構造の酸素の二価イオンO^{2-}（図8・2）を媒介にした超交換相互作用で反強磁性状態を作ります。こうして、ランタン系銅酸化物La_2CuO_4が、電子相関の効果で反強磁性絶縁体になる原因を、分子軌道と電子相関の考え方で、明らかにできました。

コラム④反ヤーン・テラー効果

図8・2の結晶構造を眺めると、La^{3+}イオンと八面体の頂上酸素は、同じ層内（LaO層と呼ぶ）にあります。この層は、CuO_2層と平行です。ここで三価のLa^{3+}イオンを二価のSr^{2+}イオンに置換すると、同じ層内のマイナス二価の頂上酸素イオンO^{2-}との静電引力が減少するので、マイナス二価の頂上酸素イオンは静電引力エネルギーを得しようと、八面体の中心にあるプラス二価のCuイオンに近づこうとします。その結果、ヤーン・テラー効果で伸びた頂上酸素と銅イオン間の距離は短くなります。この効果を、ヤーン・テラー変形と反対方向に変形することから、私は「反ヤーン・テラー効果」と呼びました。今、直観的に説明したこの現象は、当時（一九八七年）上村研博士課程三年の白石賢二さん（現名古屋大学未来材料・システム研究所教授）が、博士論文の研究で第一原理計算によって正しいことを示しました(*1)。

ヤーン・テラー効果でc軸方向に伸びたCuO_6八面体は反ヤーン・テラー効果で正八面体の形状に近づくので、ヤーン・テラー効果で分裂した図2左から三番目の図に示された、b_{1g}状態とa_{1g}状態間のエネルギー間隔、ならびにb^*_{1g}およびa^*_{1g}反結合分子軌道状態間のエネルギー間隔は小さくなります。

（*1）Proc. 1st Int. Conf. on Electronic Materials, Eds. T. Sugano, *et al.*, p51-54, MRS, Pittsburgh (1988).

コラム⑤フント結合スピン三重項とスピン一重項

白石さんが、博士論文で反ヤーン・テラー効果の存在を証明した当時、博士課程一年の江藤幹雄さん（現慶應義塾大学理工学部教授）は、Sr^{2+}イオンに置換することで導入されたホールキャリアがa^*_{1g}反結合軌道に入るか、あるいはb_{1g}結合軌道に入るかの二つの可能性があって、前者の場合にはb^*_{1g}反結合軌道の局在ホールとスピン三重項を形成し、後者の場合にはスピン一重項を形成することを第一原理のクラスター計算で示しました。この状況を図8・8(a)に示します(＊1)。

この図は、「ホールの描像」です。したがって、新たにホールがドープされる前のアンドープの状態(反強磁性絶縁体)では、電子相関効果による一個の局在ホールが存在しますが、図8・8(a)ではこの局在ホールを黒矢印で示します。隣り合った八面体の銅イオンのサイトをA、Bと記します。反強磁性状態ですから、A、Bサイトの黒矢印の局在スピンは、図8・8(a)に見るように、反対向きとなります。この状態に、新たにホール(図の点線の丸で囲った上向き矢印)をドープすると、二つの状態が出現します。

一つは、図の左欄に示された状態でスピン三重項交換相互作用(2eV)によって新たにドープしたホールは、a^*_{1g}反結合軌道を占めます。このときドープしたホールのスピンは、フントの規則により、b^*_{1g}反結合軌道の局在スピンと同じ向きになります。このような二粒子状態を多重項と呼び、$^3B_{1g}$と命名します。左肩数字の3は、スピン三重項を意味します。

他の一つの場合は、図8・8(a)の右欄に示した状態で、ドープしたホールはb_{1g}結合軌道を占め、b^*_{1g}反結合軌道の局在スピンとスピン一重項交換相互作用により、スピン一重項を形成します。この多重項を$^1A_{1g}$と記します。左肩の1は、スピン一重項を意味します。この場合、b_{1g}結合軌道状態のエネルギーは図の右欄に見るように大変高いのですが、スピン一重項交換相互作用によるエネルギーが4eVと大きいために、$^1A_{1g}$多重項のエネルギーは$^3B_{1g}$多重項のエネルギーとほぼ等しくなり、図8・8(a)真ん中の欄にみるように、二つの多重項のエネルギー差は反ヤーンテラー効果のために、0・1電子ボルト(eV)と極めて小さくなります。以上が江藤さんの計算結果です。

一九九五年に理科大後期博士課程に入学した佐野彰洋さん(一九九八年理学博士(理科大)、現日立研究所モータイノベーションセンター所属研究員）は、江藤さんの計算方法をＹＢＣＯ系銅酸化物の構成要素である CuO_5 ピラミッドに応用して、ＹＢＣＯでもフント結合スピン三重項とスピン一重項が共存することを示しました。

（＊１）図２に示された電子の描像でホールを新たに導入することは、a^*_{1g} 反結合分子軌道を占める二個の電子のうちの一個を取り出すか、あるいはエネルギーの低い b_{1g} 結合分子軌道を占める二個の電子のうちの一個を取り出すことを意味する。

おわりに

一九五〇（昭和二五）年に新教育制度としてスタートした二年目の東京大学教養学部理科一類に入学してから六八年間に、私が教官、教員、招待教授として体験した東京大学、東京理科大学、ケンブリッジ大学、パリ大学、復旦大学など、世界の著名大学での教育、研究、行政、改革、そして、トランジスタを発明した米国ベル研究所の研究所員として体験した研究の凄さ、日本物理学会会長、国際純粋応用物理学連合半導体コミッション委員長、日米および日英政府間協定による共同研究の日本代表として体験した稀有の国際交流、物理学における最先端研究の楽しさなどを一物理学者の立場から書いてみたのが本書です。

旧教育制度の中学校三年生、一五歳のときに日本国の敗戦を体験しました。そして、私が入学した旧制高校が一年生のときに消滅するという、占領軍による日本の教育制度の抜本的改革に遭遇しました。このお蔭で、新制度の大学院修士課程および後期博士課程が誕生して、一九五四年に東京大学数物系物理学専攻修士課程に入学、一九五九年に同博士課程を修了して理学博士（東京大学）を取得し、直ちに東京大学理学部助手（物理学科）に就任しました。

一九六一年八月に米国ベル電話研究所から招聘されて研究所員となり（その間東京大学は休職）、

一九六四年四月に帰国して助手に復職、一九六五年三月に理学部講師に昇格して、東京大学理学物理学科に上村研究室が誕生しました。以後、東京大学理学部物理学科で、助教授・教授として教育・研究に従事し、一九九一年三月、六〇歳のときに東京大学を停年退官しました。同年四月、東京理科大学理学部第一部（昼間）応用物理学科教授に就任し、七〇歳で嘱託専任教授の任期を終えました。その後、学校法人東京理科大学理事長より特別顧問を委嘱され、二〇一六年三月委嘱期間終了とともに東京理科大学を退職しました。八五歳のときでした。

一九六五年三月に東京大学理学部教授会メンバーになってから二〇一六年三月までの五一年間、我が国では東大と東京理科大の二つの大学で、教育、研究、大学行政に従事しました。本書の内容は、その間に体験した忘れがたい事柄が中心になっています。稀有の事例の一番は、もちろん、中学生のときに体験した戦争です。これほど、つらい体験はありません。最近も平和を脅かすニュースをしばしば見聞しますが、戦争だけは絶対にあってはなりません。

我が国における戦後の大学改革について第1章で述べましたが、一九五三年に大学院修士および博士課程の制度が創設されたことは大変良かったと思います。他方、東京大学などは、一九九〇年以降、従来の学部に基礎をおいた教育研究組織（大学院は学部に付属）から、大学院を中心とした大学院講座化の組織（大学院重点化）に変わり、その後、旧帝国大学などが相次いで大学院重点化を行いました。東大では、法学政治学研究科が先陣を切り、理学研究科も私が東大を停年退官した翌一九九二年に大学院重点化を行いました。

この大学院重点化の制度発足とともに、ポスドク制度も導入されました。私が現在一番心配をしていますのが、ポスドクや大学の助教など、若手の研究者のポストに、三年から五年未満の任期が付いていることです。このために、若い研究者が任期中に研究をまとめようとして、ベル研で鍛えられたような二〇年の先を見ての凄味のある研究を若手に奨励しようとする研究環境が失われつつあるような感があります。しかも、大学における終身在職ポストの公募に対する応募が大変激戦になって、若手研究者が落ち着いて生活できる環境も失われつつあるように思います。

最近、新聞紙上で、日本の研究者の論文引用率が他国の研究者に比べて低くなりつつあるとの記事を目にしますが、私は最近も内閣府による国家プロジェクトのアドバイザーを務めていて、若手研究者の面接をしたり、講演を聴きますが、優秀な博士課程の大学院生や若手のポスドクの数は決して減少していません。引用率減少の原因の一つは、若手研究者のポストに五年未満の任期が付いているためと思っています。ぜひこの制度を改正してほしいと願っています。

最後に、ケンブリッジ大学キャベンディッシュ研究所（我が国大学の物理学科および物理学専攻に対応）が、創立百五〇周年を二〇二四年に迎えるにあたり、学部教育の焦点を医療の物理学に向ける話を第7章でしましたが、我が国でも、ＭＲＩ、ＰＥＴなど量子力学を応用した医療機器が健康診断に使われるようになり、ガン治療でも重粒子を用いるなど、医療物理士の活躍が必要になってきているとの話を耳にします。これからは、人間の健康や長寿のために物理学を大いに活用すべきと思っていますので、我が国でも、物理学を学んだ学士、修士、博士が、医学や医療工学の方々と連携して、広く人間の健康保持、長寿のために活躍できる社会に変わっていくことを切に願っています。同時に、二〇年前に始まった重粒子のような治療は、ピンポイントでガン治療に効果的といわれていますが、重粒子が体内の細胞の電子状態に与えた影響が、治療して二〇年経った後に晩期後遺症的症状として現れていないかということを、これから医学、物理学が一体となってチェックする必要があるのではないかと思っています。二〇年先をみる思考癖が最後に出てしまいました。

著者紹介

上村　洸（かみむら ひろし）
東京大学名誉教授，東京理科大学名誉教授．理学博士．
1930年芦屋生まれ．1954年東京大学理学部物理学科卒業．1959年東京大学大学院数物系研究科博士課程修了，1978年東京大学理学部教授，東京大学改革室員，同理学系研究科委員会委員，同理学部物理学科主任，同理学部付属中間子研究センター長，同物性研究所協議会委員，文部省大学設置審議会専門委員，米国ベル電話研究所・研究所員，ケンブリッジ大学キャベンディッシュ研究所客員所員，1991年東京大学を停年により退官．同年東京理科大学理学部第一部教授，同学部長・研究科長，同大学特別顧問（12年）．大学入試センター運営委員会委員．大学基準協会諸委員会委員．理化学研究所国際フロンティア研究システム運営委員会委員．1995-1990年国際純粋応用物理学連合半導体部委員長（2期），1984年日本物理学会会長．1988年アメリカ物理学会フェロー（終身）．1996年第47回放送文化賞．2002年英国物理学会名誉フェロー（日本人物理学者として初めて）．
主要著著：『配位子場理論とその応用』（共著，裳華房，1969），『基礎からの量子力学』（共著，裳華房，2013），*Theory of Copper Oxide Superconductors* (co-authoered, Springer Verlag, Berlin Heidelberg, 2005)

戦後物理をたどる
半導体黄金時代から光科学・量子情報社会へ

2019年4月2日　初　版

［検印廃止］

著　者　上村　洸（かみむら　ひろし）

発行所　一般財団法人　東京大学出版会

代表者　吉見俊哉

153-0041 東京都目黒区駒場4-5-29
http://www.utp.or.jp/
電話　03-6407-1069　Fax　03-6407-1991
振替　00160-6-59964

組　版　有限会社プログレス
印刷所　株式会社ヒライ
製本所　牧製本印刷株式会社

ISBN 978-4-13-063608-7　Printed in Japan